电力消防安全实操

DIANLI XIAOFANG ANQUAN SHICAO

国网浙江省电力有限公司设备管理部
国网浙江省电力有限公司紧水滩水力发电厂 组编

中国电力出版社
CHINA ELECTRIC POWER PRESS

内容提要

本书从运维管理的角度出发，详细介绍了电力场所消防设施、电力建筑防火、电力场所消防安全管理和应急预案及演练等方面的知识，具有较强的针对性、实用性和可操作性。

本书可供电力运维人员、消防维保检测人员、消防控制室值班及自动消防设施操作人员和消防培训人员学习使用，还可作为高等院校教授消防课程的参考用书。

图书在版编目（CIP）数据

电力消防安全实操 / 国网浙江省电力有限公司设备管理部，国网浙江省电力有限公司紧水滩水力发电厂组编 . — 北京：中国电力出版社，2021.1

ISBN 978-7-5198-5024-1

Ⅰ . ①电… Ⅱ . ①国… ②国… Ⅲ . ①电力工业－消防－基本知识 Ⅳ . ① TM08

中国版本图书馆 CIP 数据核字（2020）第 186695 号

出版发行：中国电力出版社
地　　址：北京市东城区北京站西街 19 号（邮政编码 100005）
网　　址：http：//www.cepp.sgcc.com.cn
责任编辑：刘丽平（010-63412342）
责任校对：黄　蓓　王海南
装帧设计：张俊霞
责任印制：石　雷

印　　刷：三河市万龙印装有限公司
版　　次：2021 年 1 月第一版
印　　次：2021 年 1 月北京第一次印刷
开　　本：787 毫米 ×1092 毫米　16 开本
印　　张：13.5
字　　数：334 千字
印　　数：0001—3000 册
定　　价：75.00 元

编 委 会

序　言

近年来，随着电网规模迅速扩大，变电站大型充油设备、城市电缆隧道等电气设备和场所的消防安全越来越受到重视。消防安全管理构成了电力行业安全管理中不可或缺的一环，具有十分重要的经济与社会意义。但是一直以来，由于电力设备和供电场所环境的特殊性，加上电力综合管廊、电网侧储能电站等新业态的快速发展，对电气消防从业人员的专业素养提出了更高的要求。

国网浙江电力有限公司高度重视电力消防安全，通过建章立制、强化管控、快速响应，不断提高消防基础管理能力、维保检测能力、应急处置能力，促进变电站消防依法合规。同时结合电力行业特点，探索无人值守变电站消防设施集中监控等新技术应用。为提升电气消防的整体水平，培养一支“电力 + 消防”的复合型人才队伍，尤为关键。

此书以消防理论为基础，以实践应用为导向，从消防设施、建筑防火、消防安全管理、消防应急预案及演练四个方面，系统性地讲解了电力场所消防安全管理中的消防专业知识与常见的消防设备设施，具有较强的针对性与实用性，可辅助电力系统消防人员成为懂原理、知特性、会操作、精管理的电气消防安全骨干。

国网浙江省电力有限公司副总经理

前　言

消防安全对电力场所的安全运行非常重要。与普通建筑相比，电力场所的消防设施，如变压器的水喷雾、泡沫喷雾、细水雾灭火设施，电缆通道的线型火灾报警、电缆防火封堵、悬挂干粉灭火系统，吸气式报警、多波段火焰探测器等有其特殊性，现有的消防教材对这些消防设施的介绍不甚系统和深入，很难满足电力场所消防工作的实际需求。

本书针对变电站和调度中心等电力核心场所，从运维管理的角度出发，详细介绍了电力场所消防设施操作巡查、故障排除，电力建筑防火、消防安全管理和应急预案及演练等方面的知识，内容紧密围绕电力场所的实际，深入浅出、图文并茂，便于理解和掌握，具有很强的实用性和可操作性，可供电力运维人员、消防维保检测人员、消防控制室值班及自动消防设施操作人员和消防培训人员学习使用，还可作为高等院校教授消防课程的参考用书。

由于作者水平有限，书中难免出现疏漏和不妥之处，恳请读者不吝批评指正。

编　者

2020 年 9 月

目　录

第一篇

电力场所消防设施

消防设施是指依照国家、行业或者地方消防技术标准的要求，在建筑物、构筑物中设置的用于火灾报警、灭火、人员疏散、防火分隔、灭火救援行动等防范和扑救建筑火灾的设备设施的总称。

电力场所常见的用于灭火的消防设施有火灾自动报警系统、水灭火系统、泡沫喷雾灭火系统、气体灭火系统、排油注氮灭火系统、灭火器、悬挂式干粉灭火装置等。本篇将从原理与组成、系统操作、维护保养和故障处理等方面对其进行讲解，帮助读者了解这些消防设施的原理，并掌握一定的实操技能。

第一章　电力场所火灾自动报警系统

火灾自动报警系统能够在火灾初期及时探测到灾情，并按照火灾报警控制器设定的逻辑发出警报，控制各类消防设备自动投入运行。有关资料统计表明，绝大多数火灾自动报警系统正常运行的场所，都能在火灾发生的初期及早探测、及早报警、及早扑灭，基本上不会酿成重大火灾。

第一节　电力场所火灾自动报警系统组成与工作原理

一、火灾自动报警系统的组成

火灾自动报警系统能够探测初期火灾，发出火灾警报，控制各类消防设备自动投入运行，从而提高灭火与疏散效率。它主要由触发器件、火灾报警控制器、火灾警报装置、消防控制室图形显示装置（CRT）、消防电气设备和消防电话组成。

（一）触发器件

触发器件主要包括手动报警按钮和火灾探测器。手动报警按钮需要人员在发现火情后手动按下按钮，然后发出报警信号。火灾探测器能够对火灾参数进行持续探测，并在火灾发生时自动发出报警信号。火灾探测器的主要参数如表 1-1 所示。

表 1-1　火灾探测器主要参数表

设备类型	参数类型	参数值
线型感温	标准报警长度	缆式：≤ 1m
		空气管式：≤最大使用长度的 10%，且≤ 10m
		分布式光纤：≤ 3m
		光纤光栅：≤ 10m
		线式多点型：≤ 10m
	敏感部件长度	缆式：≤ 2km
		空气管式：单个 20~100m，总长度≤ 800m
		分布式光纤：≤ 15km
		线式多点型：≤ 2km

续表

设备类型	参数类型	参数值
线型感烟	感光灵敏度	减光片减光率≤ 0.9dB，不报警； 1.0dB ≤减光片减光率≤ 10.0dB，报火警； 减光片减光率≥ 11.5dB，报故障
吸气式感烟	报警时间	≤ 120s
	采样管长度	单管：≤ 100m；总长：≤ 200m
	采样孔数量	单管：≤ 25 个；总数：≤ 100 个

（二）火灾报警控制器

火灾报警控制器俗称消防主机，有柜式、台式、壁挂式等多种型式，它能够在火灾发生时接收和显示由触发器件发出的报警信号，并将控制信号发送至火灾警报装置，使其进行声光报警。对于有联动功能的火灾报警控制器（联动型），还能够对接收到的火灾报警信号进行逻辑处理，按照预设逻辑输出控制信号，控制各类消防电气设备动作，如开启排烟风机、降落防火卷帘等。火灾报警控制器的主要参数如表 1–2 所示。

表 1–2 火灾报警控制器主要参数表

参数类型	参数值
输入电源	主电：AC220V，50Hz；备电：DC24V/DC14.4V
输出电源	DC24V
回路点位数	非联动型：≤ 200 点；联动型：≤ 100 点
总点位数	非联动型：≤ 3200 点；联动型：≤ 1600 点
报警时间	火灾报警时间：10s；故障报警时间：100s

（三）警报装置

警报装置通过发出声、光等信号，提示人员火灾已经发生，需立刻进行灭火和疏散。

（四）消防控制室图形显示装置

消防控制室图形显示装置（CRT）能够显示受保护建筑的平面图，并将触发器件和消防设施设备的工作状态显示在平面图上的对应位置，工作人员可以直观地了解现场情况，更加高效地采取消防应急措施。

（五）消防电话

消防电话是与普通电话分开的专用独立系统，可以在火灾发生时方便快捷地进行联络，它由消防电话总机、消防电话分机、消防电话插孔构成。消防电话的总机设在消防控制室，通常集成在火灾报警控制器上。分机设在建筑物中的其他关键部位，如水泵房、风机房、消防电梯机房等。消防电话插孔分散安装在建筑物内的各个部位，大多集成在手动报警按钮上。

（六）消防电气设备

消防电气设备的主要功能是灭火和疏散。为灭火服务的消防电气设备主要指消火栓按钮和消防泵，为疏散服务的消防电气设备主要有防烟风机、防烟阀、排烟风机、排烟阀、防火卷帘、电动防火门、电动防火窗、消防应急广播等。

二、火灾自动报警系统工作原理

火灾自动报警系统工作原理如图 1–1 所示。火灾自动报警系统中，安装在现场的火灾探测器监测保护区域内火灾特征参数的变化情况，一旦探测到火灾事故的发生，火灾探测器将火灾报警信息传输给火灾报警控制器；同时，也可以在人工确认火灾事故发生时，按下现场的手动火灾报警按钮将火灾报警信息传输给火灾报警控制器。火灾报警控制器接收到现场的火灾报警信息后，发出火灾报警信号，启动相应的火灾警报并将火灾报警信息传给消防联动控制器，消防联动控制器按照预设的逻辑关系对接收到的触发信号进行识别判断，在满足逻辑关系条件时，消防联动控制器按照预设的控制时序启动相应自动消防系统（设施），实现预设的消防功能；消防控制室的消防管理人员也可以通过操作消防联动控制器的手动控制盘直接启动相应的消防系统（设施），从而实现相应消防系统（设施）预设的消防功能。

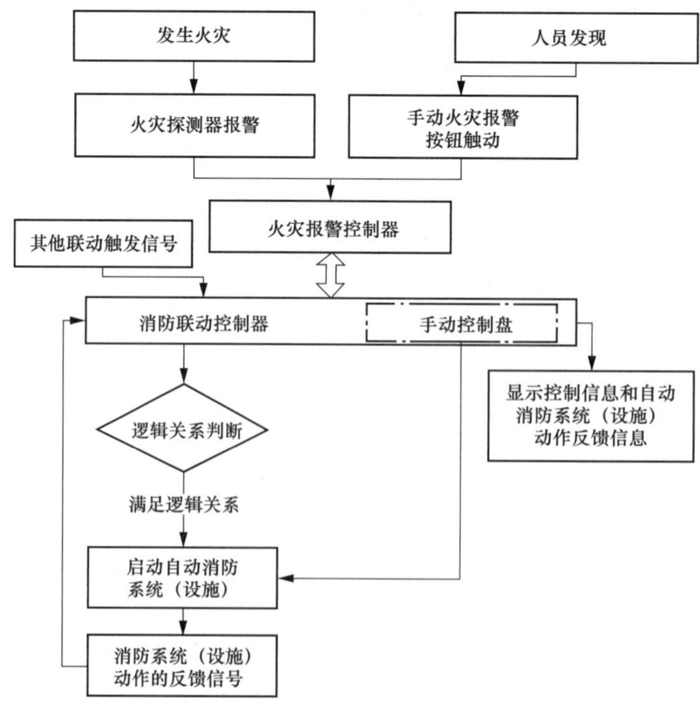

图 1–1　火灾自动报警系统工作原理

三、电力场所常用火灾探测装置

电力场所使用的生产设备结构形式多样，安装的场所也各不相同。为了满足不同的需求，针对不同的设备，往往需要安装不同的火灾探测装置，以便及时有效地探测火灾参数，发出报警信号，从而使火灾报警控制器及早动作，在火灾初期及时进行扑救。

（一）缆式线型感温火灾探测器（感温电缆）

线型感温火灾探测器（感温电缆）如图 1–2 所示。线型感温火灾探测器（感温电缆）是线型感温探测器的一种，可用于发电站、变电站、电缆沟道、隧道、夹层、传送带等场所。它采用电信号检测技术，其中两根感温电缆的护套是用一种特殊的 NTC 高分子材料制成，系统通过连续监测这种特殊材料的电阻变化来感应温度的变化，如达到报警阈值，则发出报警信号。

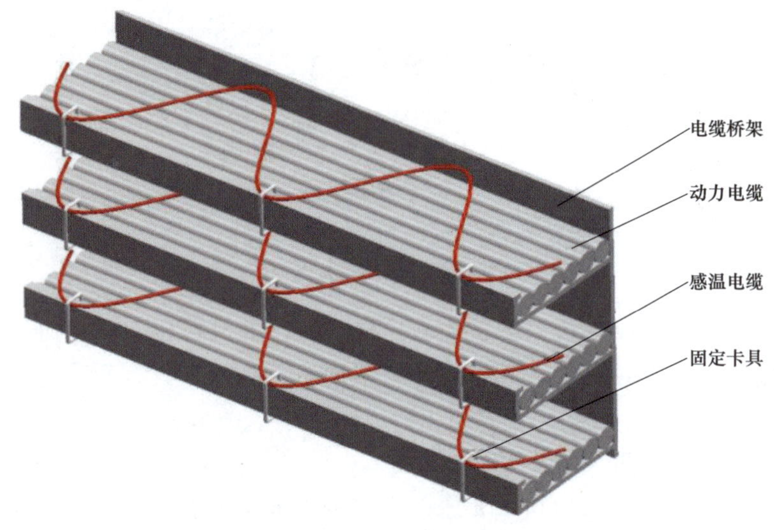

图 1–2　线型感温火灾探测器（感温电缆）

缆式感温探测器通过采取屏蔽措施，可以抵抗弱电环境的干扰。但在强电磁场的环境中，特别是在有高压电力设施时，其抗干扰性能较差，往往发生误报。缆式感温探测器只能对特定的温度（如 65、85、105℃）进行报警，无法判断未报警时电缆的实时温度和温度发展趋势。缆式感温探测器的感温材料为热敏绝缘材料，其热敏特性往往在报警后遭到破坏，不可再使用，只能重新更换，维护工作量较大。目前，市面上出现了一种比较昂贵的模拟量 4 芯缆式感温探测器，这种探测器虽然可以调整报警温度，但是精度不高。其感温材料在报警后可以恢复常态，但不能抵抗高温。

需要特别注意的是，由于缆式感温探测器采用电信号进行监测，当导线之间的绝缘非常脆弱时，容易产生大电流或短路，从而形成电火花并产生火灾，特别是在有强电磁场的高压电缆隧道内，采用缆式感温探测器容易因感温器件本身的质量问题而形成火灾。

（二）线型光纤感温火灾探测器（分布式光纤、光纤光栅）

线型光纤感温火灾探测器如图 1-3 所示。线型光纤感温火灾探测器是线型感温探测器的一种，广泛应用于储油罐、公路隧道、城市管廊、电缆隧道、地铁隧道等场所。它通过拉曼散射技术进行温度监测，这是一种无电监测技术，本身非常安全。入射光在光纤内通过时，由于光纤本体所处的温度不同，导致该处的光线散射率不同，进而影响光线发射端收到的散射光的强度。根据接收端收到的散射光，就可以倒推计算出光纤本体沿线的温度分布。

图 1-3　线型光纤感温火灾探测器

线型光纤感温火灾探测器可以抵抗所有电磁干扰，并且可以对电缆进行实时在线温度监测，在设定的温度及时报警。其感温材料采用石英制作，具有耐高温、寿命长的优点，缺点是造价较高。

（三）线型光束感烟火灾探测器

线型光束感烟火灾探测器如图 1-4 所示。线型光束感烟火灾探测器是线型感烟探测器的一种，在无遮挡的大空间中有较为良好的应用效果。它通过烟减光法来探测火灾发生时产生的烟气，是一种无电监测技术，本身非常安全。线型光束感烟探测器通常是由分开安装的、经调准的红外发光器和收光器配对组成的。发光器发出红外线，当火灾发生时，弥漫在红外光束周围的烟气会影响收光器收到的红外线强度，当光量下降到某一固定值时，探测器报警。

线型光束感烟探测器可以抵抗电磁干扰，但对所处空间有较高要求，一旦出现障碍物或大量粉尘，对红外光束造成遮挡，容易发生误报现象。其感烟介质为红外线，报警后经复位即可恢复使用。

（四）火焰探测器

火焰探测器如图 1-5 所示。物质燃烧时，不仅会产生烟雾、放出热量，也会产生各种不可见的光辐射，如红外线、紫外线等。火焰探测器通过探测火焰燃烧的光辐射强度

和火焰闪烁频率来进行火灾报警。根据火焰的光特性，火焰探测器分为三种：第一种是对火焰中波长较短的紫外光辐射敏感的紫外探测器；第二种是对火焰中波长较长的红外光辐射敏感的红外探测器；第三种是同时探测火焰中波长较短的紫外线和波长较长的红外线的紫外 / 红外混合探测器。

图 1-4　线型光束感烟火灾探测器

图 1-5　火焰探测器

火焰探测器适用于火灾发展迅速，且伴有强烈的火焰辐射和少量烟、热的场所，对于金属和无机物的燃烧具有较好的探测效果。常见的安装场合有：易燃材料储存仓库；石化产品的勘探、生产、储存、运输与卸料场所；汽车喷漆房；海上钻井的固定平台、浮动生产贮存与装卸场所；陆地钻井的精炼厂、天然气重装站与管道场所等。

火焰探测器具有响应速度快、探测距离远、环境适应性好的优点，但抗振动能力较差。为保证火焰探测器的精度，其设置环境的洁净度需满足一定的要求，不能有烟气、油雾、烟雾、水雾和冰雪等遮掩和污染探测器镜头的障碍物，不能受阳光、白炽灯等光源的直接或间接照射。正常情况下探测区域内有高温物体的场所，通常不选用单波段红外火焰探测器。正常情况下有明火作业，探测器易受 X 射线、弧光和闪电等影响的场所，通常不选用紫外火焰探测器。

（五）吸气式感烟火灾探测器

吸气式感烟火灾探测器如图 1-6 所示。吸气式感烟火灾探测器是线型感烟火灾探测器的一种。在其探测空间中，根据需要安装有数排吸气管道，每根管道上按照固定间隔开设空气采样孔。探测器工作时，吸气泵通过采样孔吸入探测空间中的空气，这些空气被传送至吸气式感烟火灾探测器主机进行光谱、烟尘和颗粒浓度的监测与分析，若达到设定的报警值，系统就会自动进行火灾报警。

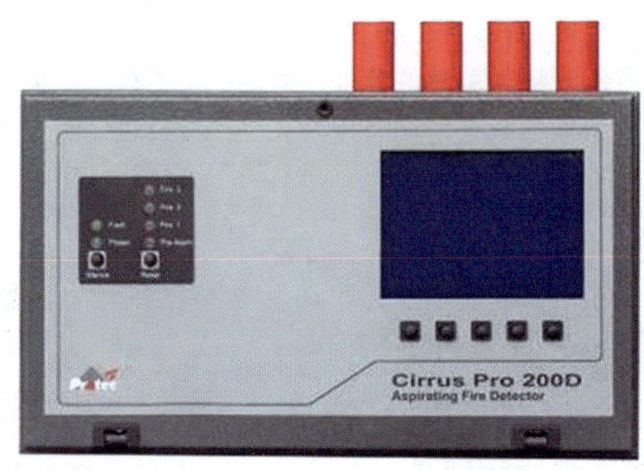

图 1–6　吸气式感烟火灾探测器

吸气式感烟火灾探测器采用主动的吸气式采样方式，布管灵活，灵敏度高，报警速度快，可以对火灾进行极早探测，能够有效将火灾扼杀在萌芽状态。它特别适用于三种场所：①具有高速气流的场所，如通信机房、计算机房等；②对空气质量要求较高的场所，如无尘室、精密零件加工场所、电子元器件生产场所等；③一旦发生火灾会造成较大损失的场所，如通信设施、服务器机房、金融数据中心、艺术馆、图书馆、重要资料室等。

需要注意的是，在灰尘比较大的场所，不应选择没有过滤网和管路自清洗功能的管路采样式吸气感烟火灾探测器。虽然管路采样式吸气式感烟火灾探测器可以通过采样来实现对灰尘的有效探测，但在灰尘比较大的场所将很快导致管路采样式吸气式感烟火灾探测器和管路受到污染，如果没有过滤网和管路自清洗功能，探测器将很难在这样恶劣的条件下正常工作。

（六）点型感烟 / 感温火灾探测器

点型火灾探测器是最为常见的一种火灾探测器，如图 1–7 所示。

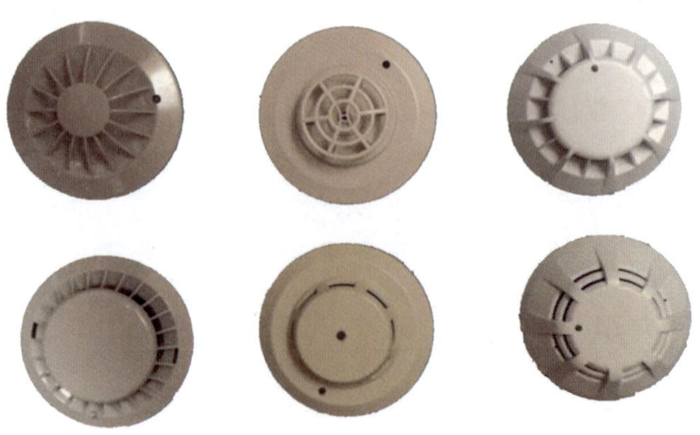

图 1–7　点型火灾探测器

点型感烟火灾探测器应用范围广，对初期火灾有较好的探测效果，经常被应用于下列场所：饭店、旅馆、教学楼、办公楼的厅堂、卧室、办公室、商场、列车载客车厢等；计算机房、通信机房、电影或电视放映室等；楼梯、走道、电梯机房、车库等；书库、档案库等。需要注意的是，考虑到房间越高烟越稀薄的情况，净空高度超过 14m 的场所，点型感烟火灾探测器不再适用。

点型感温火灾探测器常用于有大量烟雾、粉尘或水雾的场所以及可能发生无烟火灾的场所，如厨房、吸烟室、锅炉房、发电机房、烘干车间等。

（七）图像型火灾探测器

图像型火灾探测器如图 1–8 所示。图像型火灾探测器是一种智能化程度较高的新型火灾探测器，它安装在火灾监控现场，采集现场的视频图像，通过视频专用电缆传输到图像型火灾探测系统主机上，由主机上的管理软件对现场视频图像的灰度变化、闪烁频率、颜色和运动模式等参数进行分析、识别。若图像中某一区域符合火焰或烟雾的特有特征，则做出火警判别，并发出火警报警信号。

图 1–8　图像型火灾探测器

图像型火灾探测器探测距离远、抗电磁干扰和振动干扰能力强，能够在各种复杂环境下对火情做出较为准确的判断，避免高温、强光等干扰辐射造成的误报，通常应用于室外、隧道和室内高大空间等场所。此外，图像型火灾探测器还可以对现场视频图像进行远程传输，方便工作人员监控现场情况。

第二节　电力场所火灾自动报警系统操作方法

目前，建筑工程中常见的火灾自动报警系统的设备型号较多，其操作不完全相同，但其工作原理是一致的。本节以一种常见的火灾报警控制器及其配套设备为例，对电力场所火灾自动报警系统的操作方法进行讲解。

一、火灾报警控制器的操作方法

火灾报警控制器主要由打印与显示面板、操作键盘、总线控制盘、多线控制盘构成。根据实际需要，还可以在火灾报警控制器上增设消防电话操作盘、消防应急广播操作盘、防火门监控器、消防电源监控器、电气火灾监控器等多种设备。火灾报警控制器操作面盘如图 1–9 所示。

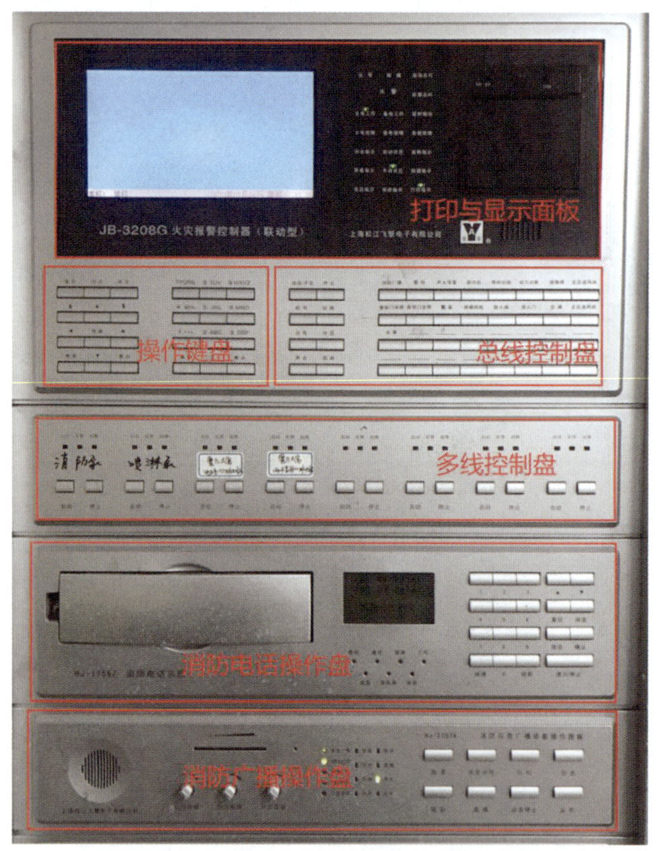

图 1–9　火灾报警控制器操作面盘

（一）火灾报警控制器操作键盘

通过火灾报警控制器操作键盘可以进行常用的基本操作，如查询回路信息、当前状态、历史记录，或进行复位、消音、打印、屏蔽等操作。

1. 回路信息查询

火灾自动报警系统所控制的绝大多数设备都是通过回路接入主机的，通过查询各回路的信息，可以快速了解系统的基本情况。此外，回路信息应当由消防维保单位制作成回路编码表，并将编码表留存在消防控制室以供查询。

（1）按下“编程”键，输入本机查询密码，如 1234。

（2）按下方向键“↓”，选中“回路配置”菜单。

（3）按下数字键，即可查看系统的分机数量 、回路数量、多线数量，以及各回路中共有多少编码点位和屏蔽点位。

（4）按下“退出”键，回到上层菜单，按下方向键“↓”，选中“属性配置”菜单。

（5）按下“确认”键，再通过数字键输入想要查询的回路编号，如2。

（6）按下“确认”键，即可看到2回路所有设备的编码、类型、状态及安装位置。

（7）按动方向键“↑”“↓”，可以在上下行之间进行切换，按动向上、向下的双箭头键可以在上下页之间进行切换。

（8）查看完毕后，按下“退出”键，返回初始页面。

2. 当前状态查询

除通过火灾报警控制器显示屏主页面直接观看系统当前状态外，工作人员还可以通过以下操作，较为全面地对系统当前的状态进行查询：

（1）按下“编程”键，输入本机查询密码，如1234。

（2）按下方向键“→”，选中“系统信息”菜单。

（3）按下方向键“↓”，选中“火警信息”菜单，按下“确认”键，即可查看本机当前火警信息。

（4）按下“退出”键返回上层菜单，选中“监管信息”菜单，按下“确认”键，即可查看本机当前监管信息。

（5）按下“退出”键返回上层菜单，选中“屏蔽信息”菜单，按下“确认”键，即可查看本机当前屏蔽信息。

（6）按下“退出”键返回上层菜单，选中“故障信息”菜单，按下“确认”键，即可查看本机当前故障信息。

（7）查看完毕后，按下“退出”键，返回初始页面。

3. 历史记录查询

通过以下操作，工作人员可以对系统历史记录进行查询：

（1）按下“编程”键，输入本机查询密码，如1234。

（2）按下方向键“→”，选中“记录信息”菜单。

（3）按下方向键“↓”，选中“火警信息”菜单，按下“确认”键，即可查看本机历史火警记录。

（4）按下“退出”键返回上层菜单，选中“动作信息”菜单，即可查看本机历史动作记录，如开机、关机、复位等。

（5）查看完毕后，按下“退出”键，返回初始页面。

4. 打印设置

通过以下操作，工作人员可以对主机的打印功能进行设置：

（1）按下“编程”键，输入本机操作密码，如4321。

（2）按下方向键“↓”，选中“打印设置”菜单。

（3）按下“确认”键，显示屏上显示当前主机打印机的设置情况。在“火警信息”“故障信息”“联动信息”三行文字前的“○”表示自动打印该类型的信息，“×”表示不打印该类型的信息。

（4）选中想要打印的信息类型，按“确认”键将该类信息前方的符号调整为“○”，按下“打印”键，打印机执行打印操作。

（5）设置完毕后，按下“退出”键，返回初始页面。

5. 消音操作

主机蜂鸣器鸣响后，按下“消音”键，即可对蜂鸣器进行消音。消音后，需立刻对此前报出的信息进行处理。如为火警信息，应立刻查看现场，确认火警是否属实；如为故障或监管信息，应联系消防维保单位进行故障处理。

6. 复位操作

消防检查或测试完毕后，需要对主机进行复位操作，以清除显示屏上记录的一系列火警与动作信息。按下“复位”键，主机即可执行复位操作；复位后，主机回到开机界面，等待数秒，进入主页面。

7. 屏蔽操作

在实际工作中，有时需要对火灾自动报警系统的某个设备进行屏蔽操作，以免该设备频繁报故障或误报火警，干扰正常工作。通过以下操作，工作人员可以对设备进行屏蔽操作，但有两点需要格外注意：①屏蔽操作是对系统信息进行改写的操作，建议由消防维保单位进行，不建议非专业人员操作；②屏蔽操作执行完毕后，应立即通知消防维保单位对被屏蔽的设备进行维修，使其恢复正常状态。

（1）查询编码表，记录想要屏蔽的设备的回路号与点位号。

（2）按下“编程”键，输入本机操作密码，如 4321。

（3）按下“确认”键，再按下方向键“↓”，选中“属性配置”菜单。

（4）通过数字键输入此前记录的回路号，按“确认”键，进入该回路。

（5）通过方向键选中此前记录的点位，按下“确认”键，该设备处于选中状态。

（6）按下“屏蔽”键，该设备状态显示为屏蔽，主机屏蔽灯被点亮。

（7）按下“退出”键，主机提示是否保存，按下“确认”键。

（8）按下“退出”键，返回主页面，此时主页面上应有该设备被屏蔽的信息。

（二）总线控制盘

总线控制盘可以控制火灾自动报警系统中绝大多数电气设备。观察火灾报警控制器指示灯，若“自动状态”灯亮，则火灾报警控制器可以根据预设的控制逻辑自动控制总线控制盘上的设备，不需要人为操作；若“手动状态”灯亮，说明火灾报警控制器处于手动状态，此时可以进行手动控制。火灾报警控制器总线控制盘如图 1–10 所示。

总线控制盘的操作方法如下：

（1）确认火灾报警控制器处于手动状态，若处于自动状态，按下操作面盘上的“自

动 / 手动”键，将火灾报警控制器转为手动状态。

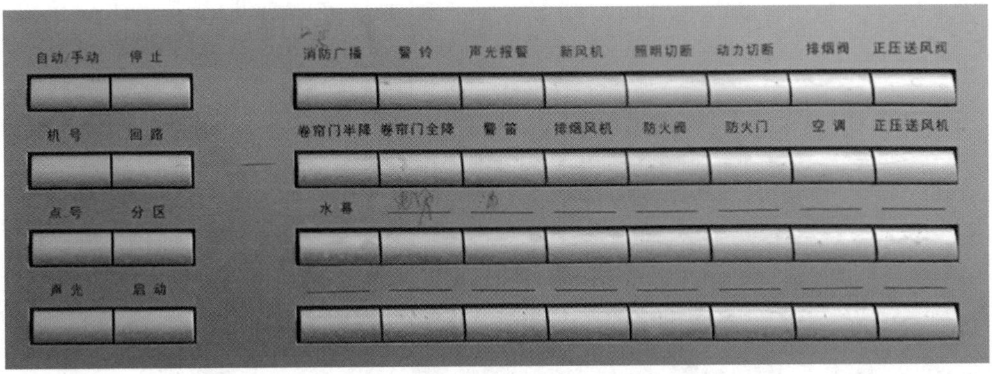

图 1-10　火灾报警控制器总线控制盘

（2）选择需要启动的设备类型，在总线控制盘按下相应键位，如“声光报警”。

（3）对照火灾自动报警系统编码表，查找需启动的声光报警器所在的回路号与点位号。例如：欲启动位于 3 层的声光报警器，则查找编码表，“3F 声光”位于 8 回路 95 号；按下数字键 8，则显示屏上的回路号变为 8，再按“确认”键，则显示屏跳转到第 8 回路；按“上”“下”键，选中第 95 号声光警报器，按“启动”键，则火灾报警控制器向 3F 的声光警报器发出启动信号，显示屏上对应的点位上出现“启动”二字。等待片刻，现场 3F 的声光警报器启动。若没有编码表，应要求消防维保单位提供。（注意：实际应用中，声光警报器往往不会单个编入火灾报警控制器，而是将一层或一个防火分区的声光警报器编写为一个点位。操作时，尽管只启动了一个点位，但该点位所对应区域的所有声光警报器会同时启动、同时停止。）

（4）按下“停止”按钮，火灾报警控制器向 3F 的声光警报器发出停止信号，显示屏上对应点位的“启动”二字消失。

（5）按下操作面盘上的“自动 / 手动”键，将火灾报警控制器恢复至自动状态。

（三）多线控制盘

火灾自动报警系统中，现场重要的设备如消火栓泵、喷淋泵、排烟风机、正压送风风机等，通过电缆与多线控制盘直接相连，无论火灾报警控制器处于何种状态，都可以直接远程手动启动现场设备，并接受设备启停的反馈信号。火灾报警控制器多线控制盘如图 1-11 所示。

多线控制盘的操作方法如下：

（1）选择需要启动的设备，如“地下室西侧排烟风机”，按下相应的“启动”按钮。此时，“启动”指示灯闪亮，表示启动命令已经发出。

（2）稍待片刻，“反馈”指示灯亮起，“启动”指示灯变为常亮，表示风机已经启动，火灾报警控制器收到了风机启动的反馈信号。若“反馈”指示灯迟迟不能亮起，说明风机控制柜处于手动状态，需将其切换至自动状态风机才能远程启动。若“故障”指示灯亮，说明控制风机的模块出现了故障，需要及时修复。

（3）按下“停止”键，“启动”和“反馈”指示灯同时熄灭，表示风机已经停止运转。

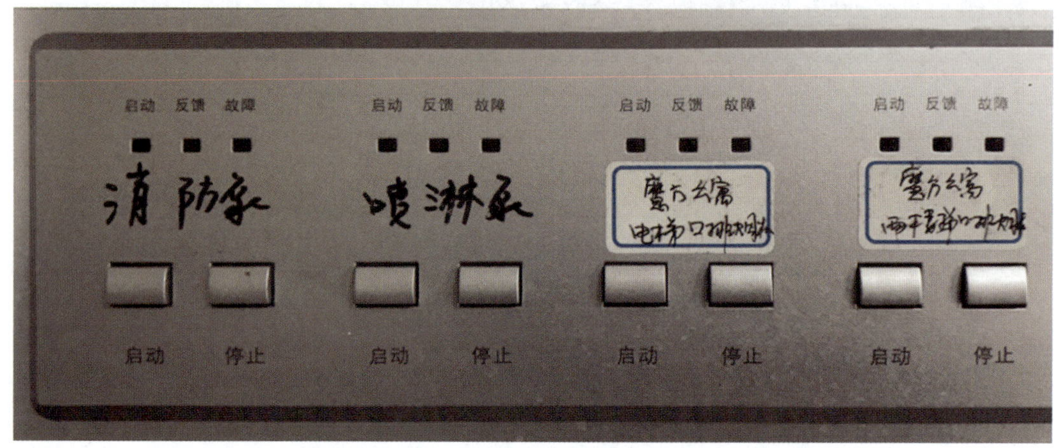

图 1-11 火灾报警控制器多线控制盘

二、手动报警按钮的操作方法

手动报警按钮的操作方法如下：

（1）正常状态下，手动报警按钮的报警灯闪亮，表示设备处于巡检状态。

（2）火灾发生或对设备进行检验时，现场人员用力压下火灾报警按钮中心的报警面盘，此时报警灯常亮，表示火灾报警按钮已经发出报警信号。

（3）灾情消除后，工作人员可将复位钥匙插入手动报警按钮下方的复位孔，将报警面盘复位。复位后的手动报警按钮报警灯由常亮状态恢复为闪亮状态。

三、消防应急广播的操作方法

这里以一种常见的消防应急广播设备操作面盘为例，对其操作方法进行说明。消防应急广播设备操作面盘如图 1-12 所示。

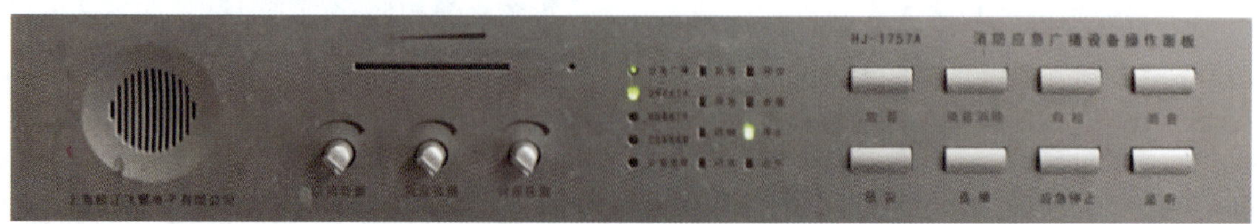

图 1-12 消防应急广播设备操作面盘

消防应急广播的操作方法如下：

（1）通过总线控制盘启动需要运行的消防应急广播，具体流程参考本节一“（二）总线控制盘”的有关内容。

（2）按下消防应急广播设备操作面盘上的“监听”键，监听指示灯亮起。此时可以在消控室听到现场放音的内容。

（3）长按消防应急广播设备操作面盘上的“预设”键，直至预设指示灯亮起。此时电平指示灯显示放音音量，扬声器放出火灾报警控制器中预先录制的消防应急广播。

（4）按下“应急停止”键，停止播放消防应急广播。

（5）通过总线控制盘停止现场消防应急广播扬声器，具体流程参考本节一“(二）总线控制盘”的有关内容。

四、消防电话的操作方法

（一）消防电话总机

下面以一种常见的消防电话总机为例对其操作方法进行说明，消防电话总机如图1–13所示。

图1–13　消防电话总机

消防电话总机的操作方法如下：

（1）拿起消防电话，输入消防电话密码，如11111。若密码正确，则自动跳转至分机号页面。

（2）按下需要拨打的分机号，如3，表示拨打3号分机。

（3）按下“接通”键，等待电话接通。

（4）通话完毕后，按下“挂断”键，将消防电话放归原位。

（二）消防电话分机

消防电话分机在使用时无需拨号，拿起电话即可自动接通消防电话总机，放下电话即可自动挂断。

（三）消防电话插孔

消防电话插孔需要配合插孔电话使用，使用时，将消防电话的插头插入手动报警按钮上的插孔，拿起电话即可自动接通消防电话总机，放下电话即可自动挂断。

五、火灾显示盘的操作方法

火灾显示盘又称楼层显示盘（层显）、区域显示器，通常安装在各楼层的疏散通道上，是一种较为常见的消防设施。

火灾显示盘的操作方法如下：

（1）在正常状态下，火灾显示盘液晶屏显示层显号及“系统运行正常”。

（2）当火灾显示盘所在区域某火灾探测器或手动报警按钮报火警后，火警灯亮起，液晶屏背光打开，显示报警点位信息，同时发出警报声。

（3）工作人员查看报警点位信息后，尽快赶往现场查看灾情。若灾情属实，应立即启动火灾应急预案；若为误报警，应按下“消音”键，则火灾显示盘停止发出报警声，工作人员应调查误报警原因，并根据实际情况采取防误报措施。

六、消防控制室图形显示装置的操作方法

消防控制室图形显示装置能够显示建筑平面图，并将各类消防设备显示在其对应的位置上，还可以显示消防设备的类型、状态、编号等信息，使工作人员更为直观地了解系统情况。

消防控制室图形显示装置的操作方法如下：

（1）接通系统电源，系统即启动，进入正常监控状态。此时工具栏的正常指示灯闪亮，其他灯熄灭，音响关闭。

（2）当有火警、启动、反馈等信号输入时，系统进入报警状态，相应的指示灯闪亮，音响发出报警声。此时，图形区显示报警设备所在的平面图，并在屏幕中央显示出报警设备，状态栏显示报警平面图名称。若输入的信号为火警信号，还会显示报警平面图总数和当前显示平面图的序号。

（3）在平面图上，报警的设备上会出现一个闪烁的图标，表示当前的状态。鼠标移到平面图上的设备可以看到设备的详细信息。滚动鼠标滚轮，可以缩放显示平面图。接到火警信号时，工作人员应查看报警设备所在位置，尽快确认现场是否确有火情。

（4）点击工具栏“系统消音”按钮，即可消除音响报警声，接到新的输入信号时，报警声再次响起。

（5）当有多张报警平面图存在时，选中自动切换，系统会自动在多个平面图间切换。点击工具栏“首警页面”或菜单栏右侧的首警信息，可以切换到首警报警页面。

（6）如需进行信息查询操作，可点击菜单栏“查询”，选择“配置信息”菜单，打开浏览配置信息窗口。在此状态下，点击“打印列表”即可进行打印。

七、火警应急处理程序

消防控制室值班人员在接到火警显示后，应保持镇定、不得慌乱，并按照相应的处理程序进行工作。消防控制室工作人员应熟悉火灾事故紧急处理程序，并定期进行演练，达到熟悉掌握的程度。

（一）消防控制室火灾事故紧急处理程序

（1）接到报警信息后，值班人员应按下“消音”键，以防后续有其他报警信息时，报

警声与首个火警信息的报警声混淆，导致消防控制室值班员不能及时获知后续报警信息。

（2）值班人员应立即核实报警点所对应的部位，派一名值班人员或通知附近的保卫人员迅速赶到报警部位核实情况。需要注意的是，此时消防控制室必须有至少一名具备主机操作资格的值班员留守。

（3）值班人员或保卫人员现场核实报警部位确实起火后，应立即通知消防控制室，此时若火势较小，现场人员应及时使用灭火器等设施扑救初期火灾。留在消防控制室的值班员应立即确认火灾报警控制器状态，若火灾报警控制器处于手动状态，应按下“手动 / 自动”转换按钮，将系统转换为自动状态。

（4）若火势较大，消防控制室值班人员拨打“119”报警电话进行报警，说明发生火灾的单位名称、坐落地点、起火部位、联系电话等基本情况。

（5）消防控制室值班员应立即通知保卫人员至路口或大门处进行接警，通知有关部门和人员组织疏散和自救工作，启动消防应急预案。

（6）消防控制室值班员要密切监视系统的运行状态，保证火灾情况下自动消防设施的正常运行。

（7）火灾扑救工作完成后，工作人员应配合消防部门对火灾现场进行调查分析，填写火警、火灾事故报告表，对消防应急预案的可靠性和有效性进行讨论和完善，对本次工作进行总结，针对本单位消防安全的薄弱环节进行整改。

（二）消防控制室火灾误报处理程序

（1）接到报警信息后，值班人员应按下“消音”键，以防后续有其他报警信息时，报警声与首个火警信息的报警声混淆，导致消防控制室值班员不能及时获知后续报警信息。

（2）值班人员应立即核实报警点所对应的部位，派一名值班人员或通知附近的保卫人员迅速赶到报警部位核实情况。需要注意的是，此时消防控制室必须有至少一名具备主机操作资格的值班员留守。

（3）值班人员或保卫人员在现场核实为火警误报时，应及时通知消防控制室。留在消防控制室的值班员应按下“复位”键，将系统恢复到正常工作状态，并在值班记录中对误报的时间、部位、原因及处理情况进行详细记录。

（4）若同一设备频繁发生误报现象，应通知消防维保单位及时修复故障。

第三节 电力场所火灾自动报警系统巡查检查方法

一、火灾报警控制器、消防控制室图形显示装置巡查检查方法

（一）外观巡查

（1）目测火灾报警控制器、消防控制室图形显示装置外观，应完好无损，不受遮挡。

（2）火灾报警控制器应处于自动和主电工作状态，除“主电工作”“自动状态”“打印指示”外，火灾报警控制器上不应有其他指示灯被点亮。

（二）火灾报警控制器自检

（1）确认火灾报警控制器处于手动状态，若处于自动状态，按下“自动/手动”按钮，将其切换至手动状态。

（2）按下“编程”键，输入主机密码。

（3）按下方向键，选中“系统测试”菜单下“声光测试”命令。

（4）按下确认键，主机执行自检命令，对本机扬声器、指示灯等进行自检。

（5）自检完毕后，按下“自动/手动”按钮，将其切换至自动状态。

（三）功能检查

火灾报警控制器与消防控制室图形显示装置的功能性检查可与其他消防电气设备检查结合开展，观察火灾报警控制器能否准确报警，能否正常启动各种设备并接收反馈信号；消防控制室图形显示装置能否准确显示建筑平面图，能否正确显示报警设备的状态和位置等。

二、火灾探测器巡查检查方法

（一）外观巡查

（1）目测火灾探测器外观，应完好无损，不受遮挡。

（2）探测器巡检指示灯应闪亮，常亮、不亮都不是正常状态。

（3）对于吸气式火灾探测器等有独立控制盒或终端模块的探测器，其控制盒或终端模块上的“正常”指示灯应点亮，“故障”和“报警”指示灯应熄灭。

（二）火灾报警功能检查

（1）确认火灾报警控制器处于手动状态：查看主机显示面板，若“自动”灯点亮，按下“自动/手动”按钮，将主机切换至手动状态；若“手动”灯点亮，无需对主机进行操作。

（2）根据探测器的不同类型，采用不同方式将其触发至报警状态。如：通过升温枪、发烟枪等火灾探测试验器向点型探测器加温、加烟；通过热风枪对线型感温探测器加温；通过滤光片对红外光束感烟探测器进行减光等。触发完成后，探测器巡检指示灯变为常亮，有独立控制盒或终端模块的探测器，其控制盒或终端模块上的“报警”指示灯应点亮。

（3）火灾报警控制器应发出报警声，“火警”指示灯亮，显示屏上出现被触发的探测器的地址信息，该信息应与探测器实际安装位置一致。查看消防控制室图形显示装置，应显示报出火警的探测器及其安装位置。

（4）按下火灾报警控制器的“消音”键，消除报警声。

（5）待温度降低或烟气散去后，按下火灾报警控制器的“复位”键，对主机进行复位。

（6）确认主机无火警信息后，按下“自动 / 手动”按钮，将主机切换至自动状态。

三、手动报警按钮巡查检查方法

（一）外观巡查

（1）目测手动报警按钮外观，应完好无损，不受遮挡。

（2）手动报警按钮报警指示灯应闪亮，常亮、不亮都不是正常状态。

（二）火灾报警功能检查

（1）确认火灾报警控制器处于手动状态：查看主机显示面板，若“自动”灯点亮，按下“自动 / 手动”按钮，将主机切换至手动状态；若“手动”灯点亮，无需对主机进行操作。

（2）用力按下火灾报警按钮中心面板，此时报警指示灯由闪亮变为常亮。

（3）查看火灾报警控制器显示屏和消防控制室图形显示装置，应有手动报警按钮动作的火警信号。

（4）用专用复位钥匙对手动报警按钮进行复位，中心面板恢复至原位，报警指示灯由常亮变为闪亮。

（5）按下火灾报警控制器上的“复位”键，火灾报警控制器屏幕出现复位画面，等待约 3s，主机完成复位动作。

（6）观察火灾报警控制器显示屏，确认无火警信息后，按下“自动 / 手动”按钮，将火灾报警控制器切换至自动状态。

四、消防广播的巡查检查方法

（一）外观巡查

（1）目测消防应急广播操作盘和扬声器外观，应完好无损，不受遮挡。

（2）消防应急广播操作盘上“功放主电工作”指示灯应处于点亮状态，其他指示灯应处于熄灭状态。

（二）消防应急广播功能检查

通过总线控制盘启动消防应急广播扬声器，操作方法参考本章第二节一（二）的有关内容。

五、消防电话的巡查检查方法

（一）外观巡查

（1）目测消防电话总机、分机和电话插孔外观，应完好无损，不受遮挡；与消防电话分机相连的电话线不应有断线情况。

（2）消防电话总机应处于正常通电状态，屏幕显示“系统运行正常”。

（二）消防电话功能检查

操作方法参考本章第二节“四、消防电话的操作方法”。

六、火灾显示盘的巡查检查方法

（一）外观巡查

（1）目测火灾显示盘外观，应完好无损，不受遮挡，“运行”显示灯应处于点亮状态。

（2）火灾显示盘应处于正常通电状态，屏幕显示“系统运行正常”。

（二）区域显示器自检

（1）按下“编程”键，屏幕显示“请输入密码”。

（2）用上下键选择数字，用“确认”键一一确认，输入密码。进入主菜单。

（3）右移光标至编程 B 菜单，按下“确认”键，区域显示器对自身面板进行自检，指示灯依次闪亮，报警器能正常报警。

（4）按下“退出”键退回初始界面。

（三）区域显示器功能检查

（1）使用发烟枪等工具触发一个火灾探测器，区域显示器应发出报警声，其火警指示灯应被点亮，屏幕应出现“首警”字样，并显示报警点位的地址信息，相关信息应与现场实际情况一致。

（2）按下“消音”键，区域显示器应停止报警。

火灾自动报警系统周期性检查维护内容如表 1–3 所示。

表 1–3　　火灾自动报警系统周期性检查维护表

维护周期	内容	数量
每日	1）火灾报警控制器的外观及运行状况	巡查区域设置的系统、设备的数量
	2）消防控制室图形显示装置的外观及运行状况	
	3）火灾探测器、手动报警按钮的外观及运行状况	
	4）声光警报器、火灾显示盘的外观及运行状况	
	5）消防电话总机、分机、插孔的外观及运行状况	
	6）消防应急广播与扬声器的外观及运行状况	
	7）防火卷帘控制器的外观及运行状况	
	8）消防应急电源的外观及运行状况	
	9）若系统配备有可燃气体报警控制器、电气火灾监控设备、消防电源监控器、防火门监控器等设备，应巡查其外观及运行状况	

续表

维护周期	内容	数量
每月、每季	1）火灾探测器、手动报警按钮的火灾报警功能	应保证每年对每一个设备进行一次检查、对每一个报警区域进行一次联动控制功能检查
	2）火灾显示盘的火灾报警显示功能	
	3）消防电话总机、分机、插孔的呼叫功能	
	4）电气火灾监控器和探测设备的监控报警功能	
	5）消防设备电源监控器和传感器的电源故障报警功能	
	6）火灾警报器的警报功能	
	7）消防应急广播的广播功能	
	8）防火卷帘的控制功能	
	9）消防联动测试	
	10）消防设备应急电源的转换功能	全数检查
	11）消防控制室图形显示装置接收和显示火灾报警、联动控制、反馈信号的功能	全数检查

注　消防联动测试涉及的设备较多，操作难度较大，测试时会切断非消防电源，操控电梯迫降。若操作不慎或通知不到位，有可能造成人员恐慌，建议委托专业消防服务机构进行测试。

第四节　电力场所火灾自动报警系统故障及处理

一、火灾探测器

火灾探测器的常见故障及处理方法如表 1–4 所示。

表 1–4　　火灾探测器的常见故障及处理方法

故障现象	可能的故障原因	故障处理方法
火灾报警控制器发出故障报警，故障指示灯亮，打印机打印探测器故障类型、时间、部位等	探测器与底座脱落，接触不良	拧紧探测器或增大底座与探测器卡簧的接触面积
	报警总线与底座接触不良	重新压接总线，使之与底座有良好接触
	报警总线开路或接地性能不良造成短路	查找有故障的总线位置，予以更换
	探测器本身损坏	更换探测器
	探测器接口板故障	维修或更换接口板

续表

故障现象	可能的故障原因	故障处理方法
火灾报警探测器误报警	设备选择不当	根据报警区域的特点，更换与之相符的探测器类型，如有需要可咨询专业消防技术服务单位；使用场所性质变化后及时更换相适应的探测器
	设备布置不合理	调整探测器位置，如：感温探测器不可距离高温光源过近，感烟探测器不可距离空调出风口过近等
	灰尘和昆虫影响	增加防蚊虫措施，对探测器进行清洗
	探测器老化或损坏	更换探测器

二、报警线路

报警线路的常见故障及处理方法如表 1–5 所示。

表 1–5　　报警线路的常见故障及处理方法

故障现象	可能的故障原因	故障处理方法
火灾报警控制器发出故障报警，通信故障灯亮，打印机打印通信故障、发生故障的时间等信息	区域报警控制器或火灾显示盘损坏或未通电、开机	更换设备，使设备供电正常，开启报警控制器
	通信接口板损坏	检查通信板，若存在故障，维修或更换通信板
	通信线路短路、开路或接地性能不良造成短路	检查区域报警控制器与集中报警控制器的通信线路，若存在开路、短路、接地接触不良等故障，更换线路
	线路上的探测器或模块故障	查找损坏的设备，更换或维修相应设备

三、火灾报警控制器

火灾报警控制器的常见故障及处理方法如表 1–6 所示。

表 1–6　　火灾报警控制器的常见故障及处理方法

故障现象	可能的故障原因	故障处理方法
强电串入火灾自动报警及联动控制系统，被控设备在火灾报警控制器上显示为故障状态	弱电控制模块与被控设备的启动控制柜的接口处，如防火卷帘、消防水泵、防烟风机、排烟风机防火阀等处发生强电串入	在控制模块与受控设备间增设电气隔离模块

续表

故障现象	可能的故障原因	故障处理方法
短路或接地故障引起控制器损坏	传输总线与大地、水管、空调管等发生电气连接，从而造成接口板损坏	按要求做好线路连接和绝缘处理，使设备尽量与大地、水管、空调管隔开，保证设备和线路的绝缘电阻满足设计要求
火灾报警控制器发出故障报警，主电故障灯亮，打印机打印主电故障、发生故障的时间等信息	市电停电	连续停电 8h 时应关机，主电正常后再开机
	电源线接触不良	重新连接主电源线，或将其焊接牢固
	主电熔丝熔断	更换熔丝或熔丝管
火灾报警控制器发出故障报警，备电故障灯亮，打印机打印备电故障、发生故障的时间等信息	备用电源损坏或老化，电压不足	充电 24h，若备电仍报故障，考虑更换电池
	备用电池接线接触不良	重新连接备用电源线，或将其焊接牢固
	备电熔丝熔断	更换熔丝或熔丝管

四、火灾警报器

火灾警报器的常见故障及处理方法如表 1–7 所示。

表 1–7　　火灾警报器的常见故障及处理方法

故障现象	可能的故障原因	故障处理方法
无声光报警输出	24V 电源未能接入	打开声光报警器，检查接线底座、接线板部分电源输入是否正确
	熔断器发生熔断	更换接线板上的熔断器
	火灾报警控制器至广播模块的通信线路故障	对通信线路进行检修
报警时只有声警报或只有光警报	扬声器或报警灯损坏	更换损坏的器件

五、消防应急广播

消防应急广播的常见故障及处理方法如表 1–8 所示。

表 1–8　　消防应急广播的常见故障及处理方法

故障现象	可能的故障原因	故障处理方法
功率放大器故障指示灯常亮	功率放大器无输出	检查功率放大器输出线路
	功率放大器短路	检查熔丝
	功率放大器本身损坏	对功率放大器进行更换或维修
应急广播声音小	音量设置在较低水平	旋转音量旋钮，将声音调大
	消防广播线路局部接地	对消防广播线路进行检修
	单个模块连接的扬声器过多	增加广播模块
	功率放大器功率与扬声器不匹配	增设功率放大器或更换大功率功率放大器
	扬声器损坏	对扬声器及其配电线路进行检修

六、消防电话

消防电话的常见故障及处理方法如表 1–9 所示。

表 1–9　　消防电话的常见故障及处理方法

故障现象	可能的故障原因	故障处理方法
消防电话无法正常通话	插孔或接头接触不良	对插孔、接头进行检查和更换
	通信线路故障	对火灾报警控制器至分机或插孔的通信线路进行排查、修复
	消防电话本身损坏	更换损坏的消防电话

七、消防控制室图形显示装置

消防控制室图形显示装置的常见故障及处理方法如表 1–10 所示。

表 1–10　　消防控制室图形显示装置的常见故障及处理方法

故障现象	可能的故障原因	故障处理方法
消防控制室图形显示装置无法接收信息	通信线路故障	对火灾报警控制器至消防控制室图形显示装置的通信线路进行排查、修复
	系统出现故障	重装系统，或联系厂家进行处理
设备在图像区显示的位置与其实际安装位置不匹配	设备安装调试时系统平面点位图制作有误	请厂家或专业消防维保单位重新编辑平面点位图

第二章　水灭火系统

水作为一种天然的灭火剂，分布十分广泛，易于获取和储存，具有良好的经济性和实用性。水灭火系统是应用最广泛、用量最大的灭火系统。国内外应用实践证明，消防给水系统具有安全可靠、经济实用、灭火成功率高等优点，是其他灭火系统不可取代的基本系统。

在电力场所中，水灭火系统的使用范围十分广泛，例如：水喷雾灭火系统、细水雾灭火系统往往应用于主变压器，而办公区域则以自动喷水灭火系统较为常见。在实际应用中，消防给水系统负责储存和供给消防水源，而室内外消火栓系统、自动喷水灭火系统、水喷雾灭火系统、细水雾灭火系统等则负责将消防水源通过设计好的形式喷洒向火场，使其发挥灭火效能。

第一节　消防给水系统

一、消防给水系统的组成与主要设备

消防给水系统包括消防水源（消防水池）、消防泵、供水管道、增（稳）压设备（稳压泵、气压罐等）、消防水箱和消防水泵结合器等。平时水灭火系统处于准工作状态，由消防水箱来维持系统必要的压力，如果消防水箱提供的压力不足，还可以增设稳压泵、气压罐等设备。火灾发生初期，消防水箱提供灭火所需的水量和水压，一旦初期火灾难以控制，就需要消防泵从消防水池等处吸水，通过供水管道将水源送往火场。此外，还可以由消防车通过消防水泵结合器向建筑内部加压供水。

（一）消防水源

消防水源是消防给水系统的重要基础设施。在电力企业内，消防水源有以下三种形式：①将市政给水直接作为消防水源；②使用江河、湖泊等天然水源作为消防水源；③将企业自建消防水池作为消防水源。在实践应用中，由于前两种形式的水质、水量难以保证，因此往往采用自建消防水池的形式，以保证有可靠的消防用水。

值得注意的是，在一些电力企业中，往往将冷却循环水池作为消防水源，即在此水池内，既有工业用水，也有消防用水，此时必须采取确保消防用水量不作他用的技术措施。这类措施往往在水池设计建造阶段就已存在，在后续使用过程中只需做好巡视检查、维护保养工作即可。

对于日常维护保养来说，工作人员应重点关注以下两点：①确保水量充足，满足电力

企业一次消防灭火所需的全部用水量；②确保水质合格，满足消防系统正常运行的需求。

（二）消防水箱

消防水箱通常设置在建筑的高位或者企业附近的山坡顶部，利用高位差为系统提供准工作状态下所需的水压，同时还可以提供系统初期的消防用水量和水压。对于不同的建筑和不同的生产企业，其消防水箱的容积、高度有不同的要求，应在项目设计时确定，现场工作人员只需要保障设施功能正常即可。

（三）消防泵

为了保证系统的可靠运行，需要由两台型号、参数完全一致的水泵构成消防泵组，两台水泵互为备用。

消防泵产品种类繁多，电力行业常用的是采用电动机或柴油机直接传动的水泵，以“XB”开头。水泵型号的编制方法如下：

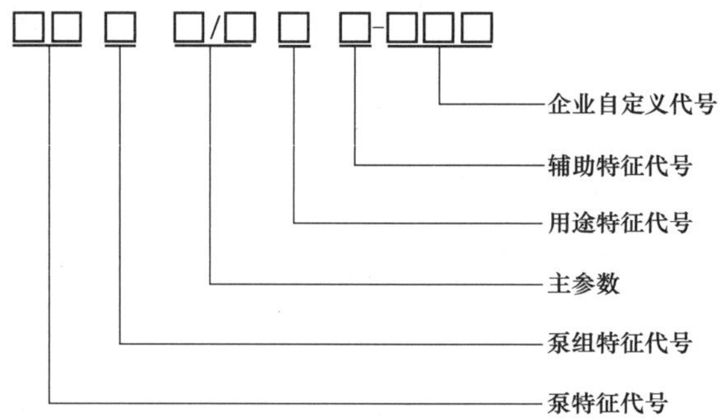

消防泵主要参数如表 2-1 所示。

表 2-1　　消防泵主要参数表

参数类型	参数值
泵特征	消防泵特征代号为 XB
泵组特征	C—柴油机；D—电动机；R—燃气轮机；Q—汽油机
主参数	压力 / 流量：10X 额定压力 / 额定流量，根据设计文件确定
用途特征	W—稳压；G—供水；P—供泡沫液
辅助特征	J—深井泵；Q—潜水泵；普通泵省略

例：铭牌显示水泵型号为 XBD6.0/15G-LWG，其含义为：XB 代表工程用消防泵，D 代表电动机驱动型，额定压力为 0.6MPa，额定流量为 15L/s，G 代表供水泵，LWG 是企业自身代码。

铭牌显示水泵型号为 XBD 3.0/20J-LY80，其含义为：XB 代表工程用消防泵，D 代表电动机驱动，额定压力为 0.3MPa，额定流量为 20L/s，J 代表深井供水泵，LY80 是企业自身代码。

铭牌显示水泵型号为 XBC7.8/50G-W，其含义为：XB 代表工程用消防泵，C 代表柴油机驱动，额定压力为 0.78MPa，额定流量为 50L/s，G 代表供水泵，W 是企业自身代码。

（四）稳压泵、气压罐

为了维持准工作状态必要的流量、压力，除高位消防水箱外，一些场所还配置了稳压泵和气压罐。稳压泵上装有能够自动启泵、停泵的电接点压力表，当管道水压低于压力表设定的最小值时，稳压泵自动启动，向系统加压供水；待压力上升至压力表设定的最高值时，稳压泵自动停止运行。气压罐储存有一定量的水，既可以供稳压泵补水，也可以避免稳压泵频繁启停，导致泵体损坏。

稳压泵是水泵的一种，其型号编制方法参考消防泵。气压罐的型号编制方法如下：

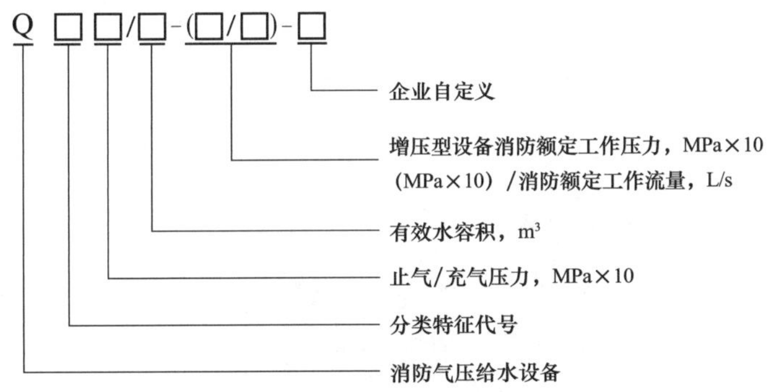

气压罐主要参数如表 2-2 所示。

表 2-2　　气压罐主要参数表

参数类型	参数值
分类特征	按有无消防泵组分类：J—应急型；Z—增压型
	按工作形式分类：B—补气式；胶囊式省略
有效水容积	通常不低于 150L
调节水容积	根据稳压泵启泵次数不大于 15 次 /h 计算确定

例：设备型号 QZ 2/3-（5/10）-HIJ 表示胶囊式增压型消防气压给水设备，充气压力为 0.2MPa，消防有效水容积为 3m³，消防额定工作压力为 0.5MPa，消防额定工作流量为 10L/s，企业自身代码为 HIJ。

（五）消防水泵接合器

火灾发生时，如果出现自备消防给水系统意外失效的情况，还可以借助消防水泵结合器向室内补水。使用时，消防队员将消防车上车载消防泵的出水口与水泵接合器相连，开启车载消防泵，即可将室外水源送入室内的水灭火系统管道，如消火栓系统、自动喷淋消防给水系统、水喷雾灭火系统、泡沫灭火系统和固定消防炮灭火系统等。消防水泵接合器主要参数如表 2–3 所示。

表 2–3 消防水泵接合器主要参数表

设备	参数类型	参数值
水泵接合器	出口公称直径（mm）	100、150
	公称压力（MPa）	1.6、2.5、4.0
	流量（L/s）	10 ~ 15

二、消防给水系统操作方法

（一）消防水泵

1. 现场手动启动

消防水泵控制柜操作面盘如图 2–1 所示，其手动启动方法为：

（1）将水泵控制柜的手动、自动转换按钮旋转到手动状态。

（2）按下 1 号泵启动按钮，1 号泵应能正常启动，相应指示灯应点亮。水泵启动后应运转平稳，无不良噪声和振动，泵后压力表读数应有明显上升。联系消防控制室，火灾报警控制器上应有该泵启动的反馈信号。

（3）按下 1 号泵停止按钮，1 号泵应能正常停止，相应指示灯应熄灭。

（4）按下 2 号泵启动按钮，2 号泵应能正常启动，相应指示灯应点亮。水泵启动后应运转平稳，无不良噪声和振动，泵后压力表读数应有明显上升。联系消防控制室，火灾报警控制器上应有 2 号泵启动的反馈信号。

（5）按下 2 号泵停止按钮，2 号泵应能正常停止，相应指示灯应熄灭。

（6）将水泵控制柜的手动、自动转换按钮旋转到自动状态。

2. 多线控制盘远程启动

（1）准工作状态下，消防泵应处于自动状态。查看水泵控制柜的手动、自动转换按钮是否处于自动状态；若处于手动状态，应将其旋转至自动状态。

需要注意的是：

1）控制柜上的自动状态标签通常不直接写成“自动”，而是标记为“1 主 2 备”或“2 主 1 备”。“1 主 2 备”表示发生火灾时，首先自动启动 1 号泵，2 号泵为备用泵，“2 主 1 备”则相反。

2）对于针对变压器设置的水喷雾灭火系统，当其为开式系统，且设置自动启动确有困难时，经论证后，消防水泵可设置在手动启动状态，但应确保 24h 有人值班。

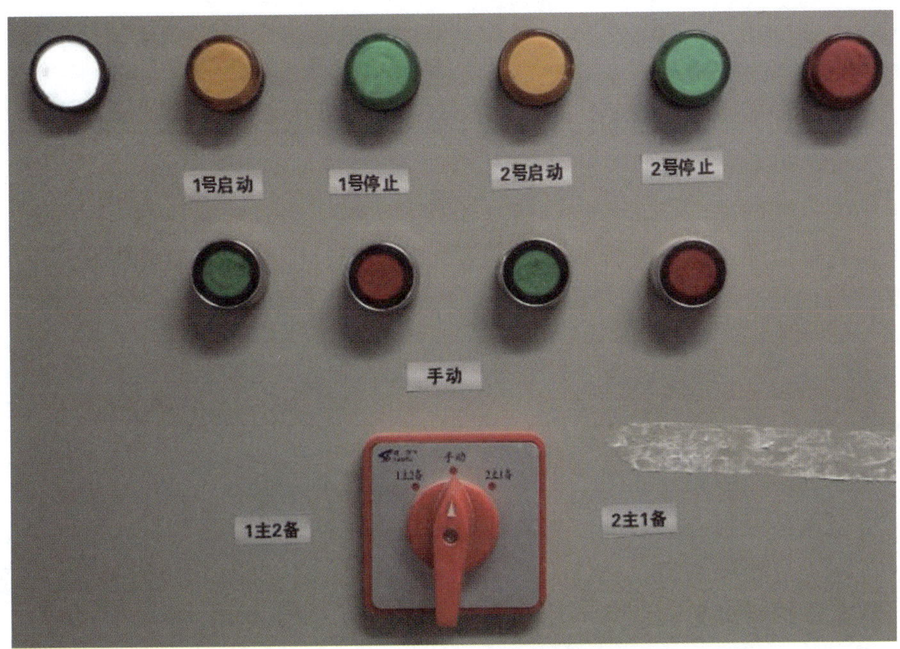

图 2-1 消防水泵控制柜操作面盘

（2）联系消防控制室值班员，使其按下火灾报警控制器多线控制盘上消防泵的启动按钮，对应的启动灯应闪亮。若水泵控制柜的手动、自动转换按钮处于“1 主 2 备”状态，1 号泵应能正常启动；若处于“2 主 1 备”状态，2 号泵应能正常启动。水泵启动后，多线控制盘上对应的反馈灯应被点亮。

（3）联系消防控制室值班员，使其按下火灾报警控制器多线控制盘上对应的停止按钮，水泵应停止运行，多线控制盘上对应的反馈灯应熄灭。

（4）转换手动、自动转换按钮，将另一台未被试验过的泵设为主泵，重复（2）~（3）步的操作。

3. 总线控制盘远程启动

大多数建筑工程往往采用多线控制方式来远程启动消防水泵。但是，有些建筑工程在这种方式之外，还可以采用总线控制盘来远程启动消防水泵。这种情况虽然不多见，但本书仍对其操作方法进行介绍，读者可以结合实际情况进行操作。

（1）准工作状态下，消防泵应处于自动状态。查看水泵控制柜的手动、自动转换按钮是否处于自动状态；若处于手动状态，应将其旋转至自动状态。

（2）确认火灾报警控制器处于手动状态，若处于自动状态，按下操作面盘上的“自动 / 手动”键，将火灾报警控制器转为手动状态。

（3）在总线控制盘按下“消防泵”键位。

（4）对照火灾自动报警系统编码表，选中需要启动的消防水泵，按下“启动”键，则该消防水泵应自动启动。

（5）按下“停止”按钮，火灾报警控制器向该消防水泵发出停止信号，显示屏上对应点位的“启动”二字消失。

（6）按下操作面盘上的“自动 / 手动”键，将火灾报警控制器恢复至自动状态。

4. 机械应急启动

除手动、自动启动的方式外，消防泵还具有机械应急启动的功能。操作时，由具有权限的工作人员拉动机械应急控制柜上的紧急启泵杆，即可启动消防水泵。

需要注意的是，这种操作是直接通过 380V 电压启动消防泵，具有较高的危险性，非专业人员不能操作。

（二）稳压泵

1. 手动启动

稳压泵控制柜操作面盘如图 2–2 所示，其手动启动方法为：

（1）将稳压泵控制柜的手动、自动转换按钮旋转到手动状态。

（2）按下 1 号稳压泵启动按钮，1 号稳压泵应能正常启动，相应指示灯应点亮。水泵启动后应运转平稳，无不良噪声和振动，泵后压力表读数应有所上升。

（3）按下 1 号稳压泵停止按钮，1 号稳压泵应能正常停止，相应指示灯应熄灭。

（4）按下 2 号稳压泵启动按钮，2 号稳压泵应能正常启动，相应指示灯应点亮。水泵启动后应运转平稳，无不良噪声和振动，泵后压力表读数应有所上升。

（5）按下 2 号稳压泵停止按钮，2 号稳压泵应能正常停止，相应指示灯应熄灭。

（6）将稳压泵控制柜的手动、自动转换按钮旋转到自动状态。

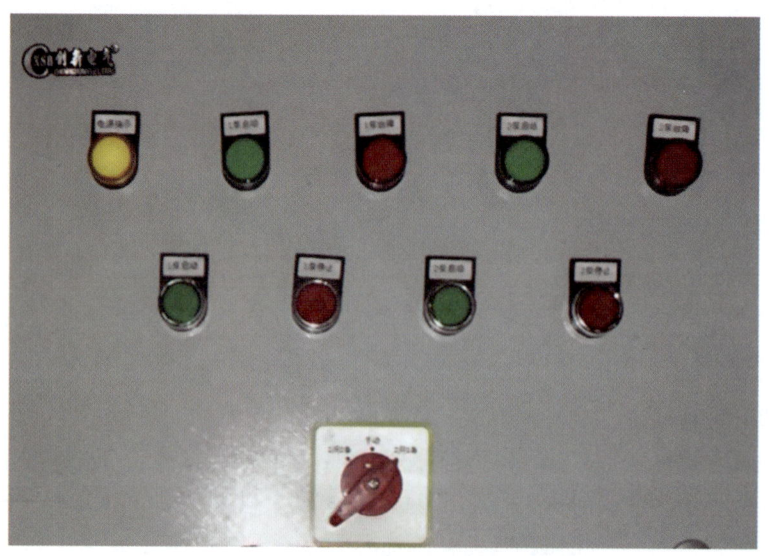

图 2–2　稳压泵控制柜操作面盘

2. 自动启动

（1）准工作状态下，消防泵应处于自动状态。查看水泵控制柜的手动、自动转换按钮是否处于自动状态；若处于手动状态，应将其旋转至自动状态。

（2）记录稳压泵电接点压力表红色、绿色指针所指向的刻度值。稳压泵电接点压力表如图 2–3 所示。

图 2–3 稳压泵电接点压力表

（3）旋转绿色指针，使其指向的刻度与压力表当前读数一致或低于该读数，稳压泵应能自动启泵。

（4）稍待片刻，电接点压力表的读数应有明显上升。

（5）旋转红色指针，使其指向的刻度与压力表当前读数一致或低于该读数，稳压泵应能自动停泵。

（6）旋转手动、自动切换按钮，将另一台未被试验过的泵设为主泵，重复（3）~（5）步的操作。

（7）将红色、绿色指针恢复至初始位置。

三、消防给水系统巡查、检查方法

（一）消防水源

（1）对于使用天然河、湖等地表水作为消防水源的，应查看其水质是否干净，所采取的防止冰凌、漂浮物、悬浮物等物质堵塞消防设施的措施是否完好，所设置的消防车道和回车场是否被占用、能否满足通行条件。

（2）对于使用市政给水作为消防水源的，应对市政管网的压力和供水能力进行检测，从地面算起的压力应不低于 0.14MPa，出水流量应在 10~15L/s。

（3）对于消防水池、水箱，应检查以下内容：

1）消防水池、水箱结构材料应完好，不应有渗漏现象，进、出水阀及溢流阀应固定在开启状态，玻璃水位计两端的角阀在不进行水位观察时应关闭。

2）通过检修口查看内部消防用水情况，不应有腐化、变质、滋生水生生物等现象，不应有异常漂浮物。

3）通过玻璃水位计查看消防水池、水箱的水位，不应低于所标示的消防用水刻度线。水位计的角阀在不用时应关闭。

4）冬季每天应对消防储水设施进行室内温度和水温检测，当结冰或室内温度低于5℃时，要采取确保不结冰和室温不低于5℃的措施，如对消防水泵房进行升温、对水箱进行保温处理等。

5）对于采用细水雾灭火系统的，储水箱应每半年换水一次。

（二）消防水泵

（1）外观巡查：

1）目测观察消防水泵及其附件，表面应无明显锈蚀、无机械损伤、无漏水现象。

2）消防水泵前后阀门启闭状态应正确，供水阀门处于开启状态，试验阀门处于关闭状态，各阀门悬挂有“常开”“常闭”标识牌。

3）消防水泵前后压力表读数应正常，如发现较大偏差应及时检修。

4）水泵控制柜的手动、自动切换按钮应置于自动状态。

5）消防水泵应处于正常供电状态，供电线路应完好无损。

（2）柴油机消防泵启动电池电量和油箱的储油量应充足。

（3）现场手动启动试验的操作方法参考本节二（一）的有关内容。

（4）远程启动试验的操作方法参考本节二（一）的有关内容。

（5）检查供电电源情况：打开消防水泵出水管上的试水阀，采用主电源启动消防水泵，消防水泵应正常启动，断开主电源，应能自动切换至备用电源，维持消防水泵的正常运转。此项检查具有一定的危险性，建议委托专业电工或消防维保人员操作。

（6）具有自动巡检功能的水泵控制柜，每周应模拟消防水泵自动控制条件自动启动消防水泵运转一次，且自动记录自动巡检情况；工作人员每月应查看记录，核对记录是否正常。

（7）检查消防水泵的出水流量和压力。此项检查对于仪表精度和操作人员的专业水平要求较高，可委托专业消防维保单位进行测量。

（三）稳压泵、气压罐

（1）外观巡查：

1）目测观察稳压泵、气压罐及其附件，表面应无明显锈蚀、无机械损伤、无漏水现象。

2）稳压泵供水阀门应处于开启状态。

3）稳压泵电接点压力表读数应正常，压力表指针应位于红色指针与绿色指针之间。

4）稳压泵控制柜的手动、自动切换按钮应置于自动状态。

（2）记录稳压泵的停泵、启泵压力和启泵次数，稳压泵每小时启动次数不应大于15次。

（3）手动启动试验的操作方法参考本节二（二）的有关内容。

（4）自动启动试验的操作方法参考本节二（二）的有关内容。

（5）检查气压水罐的压力和有效容积。此项检查建议委托专业消防维保单位进行。

（四）水泵接合器

（1）查看水泵接合器有无破损、变形、锈蚀及操作障碍，周围有无放置构成操作障碍的物品，标识标牌是否完好，是否能识别其所对应的消防给水系统，分区标识是否准确。

（2）查看水泵接合器闸阀，应处于开启状态。

（3）检查水泵接合器接口及附件，接口应完好、无渗漏、闷盖齐全。

（4）通水试验：通过专业加压设备向水泵接合器打压，查看能否正常通水。建议由专业消防维保单位进行试验。

（五）阀门

（1）查看管道上的控制阀，所有的控制阀门均应采用铅封或锁链固定在开启或规定的状态，阀门及铅封、锁链不应有破损或明显锈蚀。

（2）查看室外阀门井中、进水管上的控制阀门，应处于全开启状态。

（3）每月对减压阀进行放水试验，每年对减压阀流量和压力进行测试，确保阀体功能完好。此项检查建议由专业消防维保单位进行。

消防给水系统周期性检查维护表如表 2-4 所示。

表 2-4 消防给水系统周期性检查维护表

维护周期	内容
每日	1）冬季检测消防储水设施室内温度与水温
	2）记录稳压泵启停泵压力、次数
	3）柴油机消防泵电池电量
	4）系统用电设备的电源及其供电情况
	5）设备及组件外观巡查
每周	1）水泵控制柜模拟自动控制条件启泵，自动记录巡检情况
	2）柴油机消防泵储油量
每月	1）消防水池、高位消防水箱水位
	2）消防泵手动启动试验
	3）检查消防泵供电电源情况
	4）检测消防泵自动巡检记录

续表

维护周期	内容
每月	5）减压阀放水试验
	6）控制阀门铅封、锁链完好状况
	7）检测气压罐的压力和有效容积
每季	1）测量市政给水管网压力和流量
	2）测量消防水泵流量和压力
	3）水泵接合器接口及附件检查
	4）室外阀门井中控制阀门的开启状况
每年	1）减压阀流量和压力测试
	2）水泵结合器通水试验

注　对于流量、压力的检测需要利用经过精度校核的仪表进行，且对于操作人员的专业水平要求较高，可委托专业消防维保单位进行测量。

四、消防给水系统的主要设施、设备故障及处理方法

（一）消防水池、水箱

消防水池、水箱的常见故障及处理方法如表 2-5 所示。

表 2-5　　消防水池、水箱的常见故障及处理方法

故障表现	故障原因分析	故障处理
消防水池、水箱溢流	消防水池、水箱浮球阀门损坏	关闭补水阀门，修理浮球阀
消防水池、水箱水位经常不达标	水池、水箱渗漏	维修储水设备
	补水管压力不足	测量补水管压力，采用应急补水措施
	进水浮球出现卡堵	修理进水浮球阀
消防水池、水箱水位现场或控制中心无显示	没有设置水位现场显示和传输仪表	加装水位现场显示和传输仪表
	水位传输仪表损坏，现场显示设备故障	修理水位现场显示和传输仪表
消防水池、水箱高、低水位不报警	水位传输仪表损坏	修理传输仪表
	报警线路故障	检查传输线路

（二）消防水泵

消防水泵的常见故障及处理方法如表 2–6 所示。

表 2–6　消防水泵的常见故障及处理方法

故障表现	故障原因分析	故障处理
消防泵控制柜手动控制按钮不响应	消防泵电气控制装置的手动 / 自动转换按钮失灵	更换手动 / 自动转换按钮
	控制柜线路故障	检查线路故障
	消防泵故障	通过多线控制盘启动消防泵，若仍无法启动，检修消防泵
	消防泵未通电	检修消防泵供电线路
消防泵无法通过多线控制盘启动	消防泵与多线控制盘间的线路故障	排查消防泵至多线控制盘间的控制线路
	多线控制盘启动按钮失灵	更换多线控制盘按钮
	消防泵本身故障	手动启动消防泵，若仍无法启动，检修消防泵
	消防泵未通电	观察控制柜仪表上电流、电压是否正常，检查消防泵供电线路
消防泵主、备泵电源不能自动切换	主、备电源自动切换装置故障	更换主、备电源自动切换装置
	电源或线缆故障	检修主、备电源和供电线缆
消防泵启动后，出水管压力表指针不动	消防泵空转	确认消防泵吸水管路上的阀门处于全开启状态
	出水管压力表前的阀门关闭	打开出水管压力表前阀门
	出水管压力表损坏	更换出水管压力表
	消防泵故障	检修消防泵

（三）稳压泵

稳压泵的常见故障及处理方法如表 2–7 所示。

表 2–7　稳压泵的常见故障及处理方法

故障表现	故障原因分析	故障处理
稳压泵频繁启动	气压罐漏气	检查气压罐
	消防管线漏水	排查消防管线漏水情况

续表

故障表现	故障原因分析	故障处理
稳压泵频繁启动	管道内部空气阻塞	打开管道顶部排气阀，排出空气
	设计配置气压罐与系统不匹配	重新计算与系统相匹配的气压罐参数，并进行更换
稳压泵不能自动启停	稳压泵电接点压力表损坏	检修电接点压力表，确保功能完好
	稳压泵控制柜控制线路故障	检修稳压泵控制线路
	稳压泵损坏	手动启动稳压泵，若仍不能正常运行，需对稳压泵进行检修

（四）水泵接合器

水泵接合器的常见故障及处理方法如表 2-8 所示。

表 2-8　　水泵接合器的常见故障及处理方法

故障表现	故障原因分析	故障处理
水泵接合器的接口及附件存在残缺	设备自身缺陷	更换残缺的水泵接合器附件
	遭受外来破坏	增加围栏等保护措施
水泵接合器的接口漏水	接口未拧紧	采用专用设备拧紧接口
	接口密封件老化损坏	更换接口处老化受损的附件
水泵接合器周围被杂物遮挡	现场管理松懈	清除遮挡杂物，加强现场管理

第二节　消火栓系统

一、室外消火栓系统

（一）系统组成与主要设备

室外消火栓系统由进水管、阀门、室外消火栓等构成，其主要功能是通过室外消火栓为消防车等消防设备提供消防用水，或通过进户管为室内消防给水设备提供消防用水，也可以直接连接水带灭火。

大多数情况下，室外消火栓系统的水源来自城市自来水管网。火灾发生时，可以将水带与室外消火栓连接，直接实施灭火；也可以由消防队员打开最近的室外消火栓，将消防车与室外消火栓连接，从室外管网吸水加入消防车内，然后利用消防车直接加压灭火，或者由消防车通过水泵接合器向室内管网加压供水。

1. 室外消火栓

室外消火栓主要有：地上式室外消火栓和地下式室外消火栓两种形式。地上式室外消火栓是最常见的，地下式室外消防栓在北方严寒地区多有使用。近年来，随着科技的发展，还出现了一些智慧型、智能型室外消火栓，可以减少人员巡检频率、增加身份识别功能等。地上式消火栓、地下式消火栓、智慧型消火栓如图 2–4 所示。

图 2–4　地上式消火栓、地下式消火栓、智慧型消火栓（从左至右）

室外消火栓的型号编制方法如下：

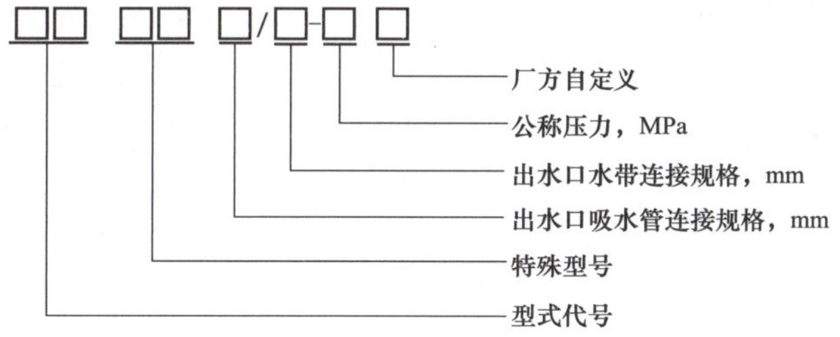

室外消火栓主要参数如表 2–9 所示。

表 2–9　室外消火栓主要参数表

参数类型	参数值
型式	SS—地上式；SA—地下式；SD—折叠式
特殊型号	P—泡沫消火栓；F—防撞型；T—调压型；W—减压稳压型
吸水管连接规格（mm）	150、100
水带连接规格（mm）	80、65
公称压力（MPa）	1.0、1.6

例如：室外消防栓设备参数为 SSF 150/80–1.6，表示公称直径 150mm、公称压力为 1.6MPa、吸水管连接口为 150mm、水带连接口为 80mm 的防撞型地上式消火栓。

2. 阀门

阀门是消防系统的配套设备，室外消防系统管线一般均为埋地管道，系统中安装的阀门基本采用球墨铸铁阀门。埋地时应采用专门的地埋闸阀或带启闭刻度的暗杆闸阀，在阀门井内时可采用耐腐蚀的明杆闸阀。

明杆闸阀与暗杆闸阀的区别是明杆闸阀能看见丝杆，而暗杆的却看不见丝杆。明杆闸阀、暗杆闸阀、埋地闸阀如图 2–5 所示。

电力行业室外消防系统中，阀门的压力级别一般采用 1.0、1.6MPa。

图 2–5 明杆闸阀、暗杆闸阀、埋地闸阀（从左至右）

（二）主要设备操作方法

1. 室外消火栓

使用室外消火栓向消防车或室内水系统供水时，由消防员进行专业操作。其操作方法如下：

（1）打开消火栓箱门，取出消防水带，向着火点展开，注意在铺设消防水带时避免水带扭折。

（2）将水带靠近消火栓端与消火栓连接，连接时将连接扣准确插入槽内，按顺时针方向拧紧。

（3）将水带另一端与水枪连接（连接程序与消火栓连接相同），手握水枪头及水管。

（4）用专用扳手将消火栓开关逆时针旋开，对准火源进行喷水灭火。

（5）火灾扑灭后，用专用扳手沿顺时针方向关闭消火栓开关，将水带、水枪拆除，按照正确方式放归原位。

2. 阀门

需要更改阀门启闭状态时，旋转其转盘。对于暗杆闸阀，可直接观察其阀体上的刻度以确定阀门开度及启闭状态。对于明杆闸阀，当带螺纹的杆件露出在阀门转轮之上时为开启，开启程度与螺杆外露高度正相关；当螺杆与阀门转轮高度平行时，为阀门关闭。

（三）室外消火栓系统巡查检查方法

1. 室外消火栓

（1）外观巡查：室外消火栓及其组件应齐全完好，无漏水现象，标识标牌应完好清楚。

（2）使用试压枪头测试室外消火栓栓口压力，应保持在 0.14MPa 以上。

（3）使用流量计测量室外消火栓出水流量，应满足 10~15L/s。

2. 阀门

（1）外观巡查：检查阀门外观是否完好无损，无明显锈蚀，启、闭标识是否完好，阀门是否处于正常启闭状态。

（2）检查阀门铅封、锁链是否完好。

室外消火栓系统周期性检查维护表如表 2–10 所示。

表 2–10　　室外消火栓系统周期性检查维护表

维护周期	内容
每日	设备及组件外观巡查
每月	控制阀门铅封、锁链完好状况
每年	每年开春后、入冬前检查室外消火栓出水压力、流量

注　对于流量、压力的检测需要利用经过精度校核的仪表进行，且对于操作人员的专业水平要求较高，可委托专业的消防维保单位进行测量。

（四）室外消火栓系统故障及处理方法

室外消火栓系统的常见故障及处理方法如表 2–11 所示。

表 2–11　　室外消火栓系统的常见故障及处理方法

<table>
<tr><th>故障表现</th><th>故障原因分析</th><th>故障处理</th></tr>
<tr><td>室外消火栓被遮挡</td><td>现场管理松懈</td><td>移除遮挡物体</td></tr>
<tr><td rowspan="3">室外消火栓管网突然爆裂、断裂</td><td>地基突变</td><td rowspan="3">迅速关闭系统总进水阀门，向专业消防服务机构寻求解决对策</td></tr>
<tr><td>地面荷载变化</td></tr>
<tr><td>管道自身老化</td></tr>
<tr><td rowspan="4">室外消火栓处压力不足或者出水量不满足要求</td><td>室外消火栓管网漏水</td><td rowspan="4">向专业消防服务机构寻求解决对策</td></tr>
<tr><td>地基改变</td></tr>
<tr><td>地面荷载变化</td></tr>
<tr><td>管道自身老化</td></tr>
</table>

续表

故障表现	故障原因分析	故障处理
室外消火栓栓口漏水	室外消火栓丝扣松动	拧紧室外消火栓丝扣
	室外消火栓损坏	更换室外消火栓
室外消火栓管网阀门漏水或者开、闭不灵活	阀门自身质量问题	更换阀门
	需要加注润滑油	加注润滑油

二、室内消火栓系统

（一）系统组成与主要设备

室内消火栓是建筑物应用最广泛的一种消防设施，它由本体、水枪、水带、消火栓按钮组成，通常置于消火栓箱内。室内消火栓的常见形式如图 2-6 所示。

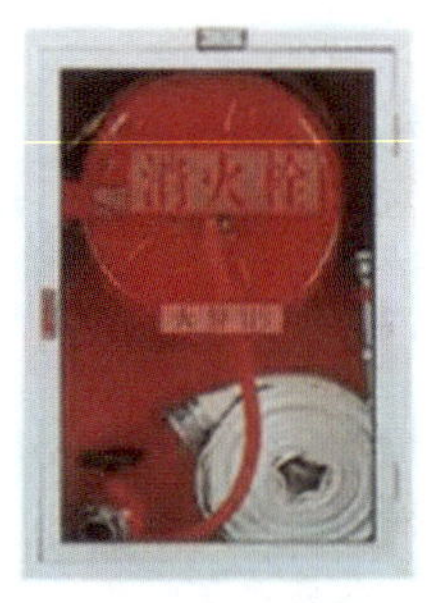

(a) 带消防软管卷盘的消火栓

(b) 带轻便消防水龙的消火栓

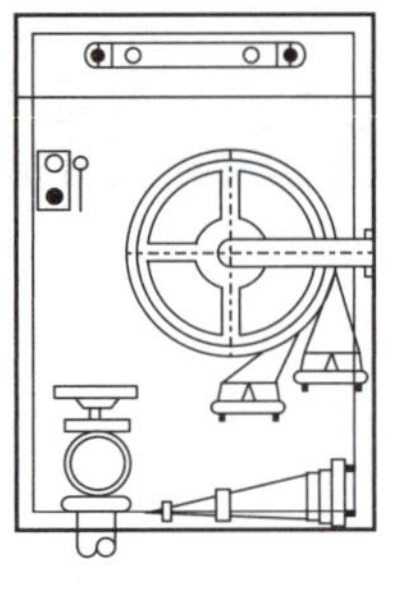

(c) 带应急照明的消火栓

(d) 带灭火器箱的组合式消防柜

图 2-6 室内消火栓的常见形式

1. 消火栓箱

室内消火栓箱内配置下列设备：

（1）DN65 室内消火栓，可与消防软管卷盘或轻便水龙设置在同一箱体内；按照规范规定，室内消火栓在系统最不利点动压不应小于 0.35MPa；其他场所，消火栓栓口动压不应小于 0.25MPa。

（2）公称直径 65mm 有内衬里的消防水带，长度通常不超过 25m；消防软管卷盘应配置内径不小于 ϕ19 的消防软管，其长度通常为 30m；轻便水龙应配置公称直径 25 有内衬里的消防水带，长度通常为 30m。

（3）宜配置当量喷嘴直径 16mm 或 19mm 的消防水枪，但当消火栓设计流量为 2.5L/s 时宜配置当量喷嘴直径 11mm 或 13mm 的消防水枪；消防软管卷盘和轻便水龙应配置当量喷嘴直径 6mm 的消防水枪。

2. 室内消火栓

室内消防栓栓口处最低工作压力不低于 0.35MPa，当室内消防栓栓口处压力大于

0.5MPa时，应设置减压设施；栓口处压力大于0.7MPa时，必须设置减压设施。常用的减压设施有减压阀、减压消防栓、减压稳压消防栓。室内消防栓栓口中心离操作面高度为1.1m。

（二）室内消火栓系统操作方法

（1）打开消火栓箱门。

（2）按下消火栓箱内的消火栓按钮，向消控中心报警。

（3）取下消火栓箱内的消防水枪。

（4）拉出消防水带，一端接上消火栓栓口，另一端接上水枪。

（5）两人配合，向着火部位铺展，持枪对准着火点。

（6）打开消防栓，水枪出水灭火。

（三）室内消火栓系统巡查检查方法

1. 室内消火栓

（1）外观巡查：室内消火栓箱箱门应完好无损，不被遮挡。

（2）检查消火栓和消防卷盘供水闸阀是否渗漏水，若渗漏水应及时更换密封圈。

（3）对消防水枪、消防水带、消防卷盘及其他配件进行检查，全部附件应齐全完好，卷盘转动灵活。

（4）检查报警按钮、指示灯及控制线路，应功能正常、无故障。

（5）消火栓箱及箱内装配的部件外观无破损，涂层无脱落，箱门玻璃完好无缺。

2. 阀门

（1）外观巡查：检查阀门外观是否完好无损，无明显锈蚀，启、闭标识是否完好，阀门是否处于正常启闭状态。

（2）检查阀门铅封、锁链是否完好。

室内消火栓系统周期性检查维护表如表2–12所示。

表2–12　室内消火栓系统周期性检查维护表

维护周期	内容
每日	设备及组件外观巡查
每月	控制阀门铅封、锁链完好状况
每半年	全面检查维修

（四）室内消火栓系统常见故障及处理方法

室内消火栓系统的常见故障及处理方法如表2–13所示。

表 2-13　　室内消火栓系统的常见故障及处理方法

故障表现	故障原因分析	故障处理
室内消火栓箱被遮挡	现场管理问题	移除遮挡设施，保障使用功能
室内消火栓管网漏水	管道接口橡胶垫片老化	迅速关闭系统总进水阀门，更换老化部件
	管道自身老化	
按下消火栓箱按钮，报警主机没有反应	按钮本身故障	更换报警按钮
	报警线路故障	检修报警线路
消火栓箱报警按钮指示灯亮，但没有来自报警设备的反馈信号	报警按钮型号太老	更换与火灾报警控制器相匹配的报警按钮
	报警线路故障	检修报警线路
平时室内消火栓栓口处压力不足	稳压设备性能问题	调整稳压设备出口压力
	减压阀性能问题	调整减压阀出口压力
	过滤器堵塞	清洗过滤器及辅助设备
平时室内消火栓栓口处压力过高	稳压设备性能问题	调整稳压设备出口压力
	减压阀性能问题	调整减压阀出口压力
	设计缺陷	由专业单位进行技术改造
室内消火栓栓口出水量不满足要求	水泵性能问题	测试消防泵性能
	减压阀性能问题	调整减压阀出口压力
	过滤器堵塞	清洗过滤器

第三节　自动喷水灭火系统

一、自动喷水灭火系统的组成与工作原理

（一）系统组成与主要设备

自动喷水灭火系统是一种能自动启动喷水灭火，并能同时发出火警信号的灭火系统。它具有工作性能稳定、适应范围广、安全可靠、控火灭火成功率高、维护简便等优点，可用于各种建筑物中允许用水灭火的保护对象和场所。根据被保护建筑物的性质和火灾发生、发展特性的不同，可以有多种不同系统。

在日常应用中，闭式湿式灭火系统是最常见、应用最广泛的系统。闭式湿式喷水灭火系统一般由洒水喷头、报警阀组、压力开关、水流指示器、末端试水装置等组件，以及管道、供水设施等组成。由于该系统采用的喷头为闭式喷头，故称闭式系统；由于该系统在报警阀的前后管道内始终充满着压力水，故称湿式喷水灭火系统。

1. 洒水喷头

洒水喷头是发生火灾时向火场中直接布水的设施。在日常应用中，通过观察洒水喷头上铸造的标记，可以快速获取喷头的类型与主要参数。洒水喷头型号的表示方法如下：

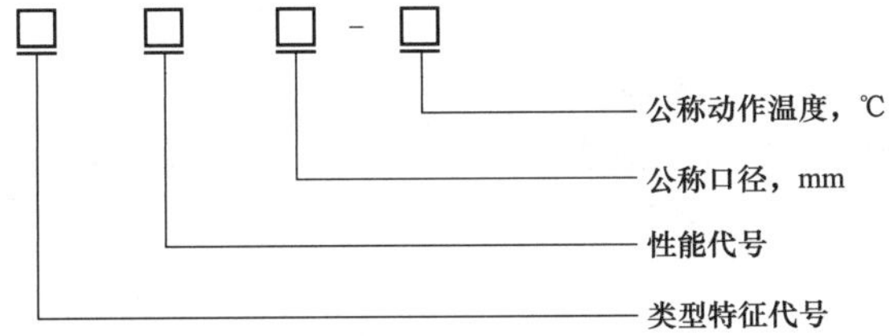

洒水喷头的主要参数和性能代号如表 2–14 和表 2–15 所示。

表 2–14　洒水喷头主要参数表

参数类型	参数值
类型特征代号	由不超过 3 位大写英文字母、阿拉伯数字或其组合构成，可由生产商自己命名
性能代号	ZSTP、ZSTZ、ZSTX、ZSTBP、ZSTBX、ZSTBZ、ZSTBS、ZSTDQ、ZSTDR、ZSTDY、ZSTG
公称口径	10、15、20mm
公称动作温度	代表玻璃球爆裂或易熔元件熔化时的温度

表 2–15　洒水喷头性能代号表

性能代号	喷头类型	适用场合
ZSTP	通用型喷头	适用于绝大多数场合，既可直立安装也可下垂安装
ZSTZ	直立型喷头	适用于不设吊顶的场所，配水支管布置在梁下时
ZSTX	下垂型喷头	适用于有吊顶的场所
ZSTBP	通用边墙型喷头	适用于顶板为水平面，且危险等级为轻危险级和中危险级 I 级的住宅建筑、宿舍、旅馆建筑客房、医疗建筑病房和办公室
ZSTBX	下垂边墙型喷头	
ZSTBZ	直立边墙型喷头	
ZSTBS	水平边墙型喷头	
ZSTDQ	齐平式喷头	适用于有吊顶的场所
ZSTDR	嵌入式喷头	适用于有吊顶的场所
ZSTDY	隐蔽式喷头	适用于轻危险级和中危险级 I 级场所
ZSTG	干式喷头	适用于干式灭火系统

注　1. 快速响应喷头、特殊响应喷头在性能代号前分别加 K、T 并以“-”与性能代号间隔，标准响应喷头在性能代号前不加符号。

2. 带涂层喷头、带防水罩的喷头在性能代号前分别加 C、S 并以“-”与性能代号间隔。

2. 湿式报警阀组

湿式报警阀组是自动喷水灭火系统中重要的控制设备和元件。火灾发生后，报警阀阀瓣打开，水力警铃鸣响，压力开关开启。湿式报警阀的主要参数如表 2-16 所示。

表 2-16　湿式报警阀主要参数表

参数类型	参数值
额定工作压力	1.2、1.6MPa
公称直径	50、65、80、100、125、150、200、250、300mm
灵敏度	进口压力为 0.14MPa、排水流量不大于 15L/min，不报警
	进口压力为 0.14MPa、排水流量为 15~60L/min，可报可不报
	进口压力为 0.14MPa、排水流量大于 60L/min，必须报警
报警延迟时间	无延迟器：15s
	有延迟器：5~90s

注　湿式报警阀的报警延迟功能通过延迟器实现。

3. 末端试水装置

末端试水装置由试水阀、压力表及试水接头等组成，它设置在每个报警阀组控制的最不利点喷头处。其作用是模拟一个喷头喷水，检验在这种状态下自动喷水灭火系统能否自动投入运行。

末端试水装置的型号表示方法如下：

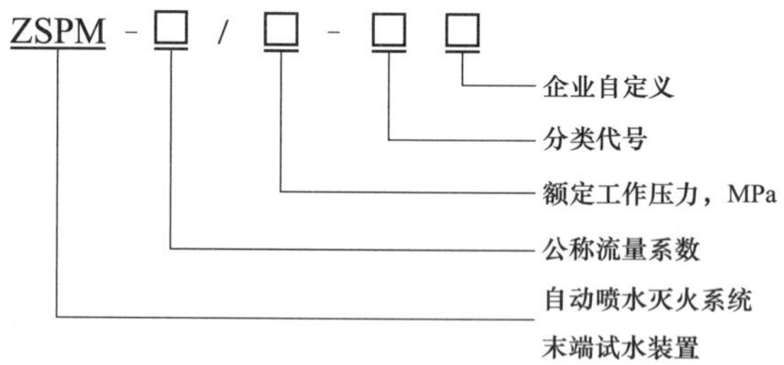

末端试水装置的主要参数如表 2-17 所示。

表 2-17　末端试水装置主要参数表

参数类型	参数值
公称流量系数	应等于同楼层或同防火分区内所有洒水喷头的流量系数中的最小值
额定工作压力	指末端试水装置在伺服状态或工作状态下允许的最大工作压力，应小于等于 1.2MPa
控制方式	S—手动式，D—电动式
反馈类型	X—带信号反馈功能，无标注表示无信号反馈功能

例：ZSPM-80/1.2-DX 表示公称流量系数为 80、额定工作压力为 1.2MPa 的电动带信号反馈装置式末端试水装置。

（二）系统工作原理

自动喷水灭火系统示意图如图 2-7 所示。在未发生火灾时，供水设施向系统提供压力水，压力水经由报警阀流向各个喷头，在喷头的喷嘴处被玻璃球或者易熔元件堵住。火灾发生时，环境温度升高导致玻璃球受热膨胀破裂或易熔元件熔化，压力水从喷嘴中喷出，管道中水的流动触发了安装在相应楼层或防火分区管道上的水流指示器，水流指示器向火灾报警控制器发出报警信号。随着原有的压力水不断喷出，管道中压力下降，湿式报警阀打开，带动安装在湿式报警阀一侧管路上的水力警铃和压力开关动作。水力警铃会发出洪亮声响，提醒值班人员现场发生了火情。压力开关会向喷淋泵发出直接启泵信号，使喷淋泵开始运转，持续向火场供水。为了提升系统的可靠性，确保喷淋泵能够投入运行，压力开关还会向火灾报警控制器发出报警信号，如果报警阀所保护的区域内有一只火灾探测器报警或一个手动报警按钮被按下，压力开关的报警信号就会和火灾探测器或手动报警按钮的报警信号构成“与”逻辑，使火灾报警控制器再次向喷淋泵发出启泵信号。这两路启泵信号相当于为火场供水上了“双保险”。

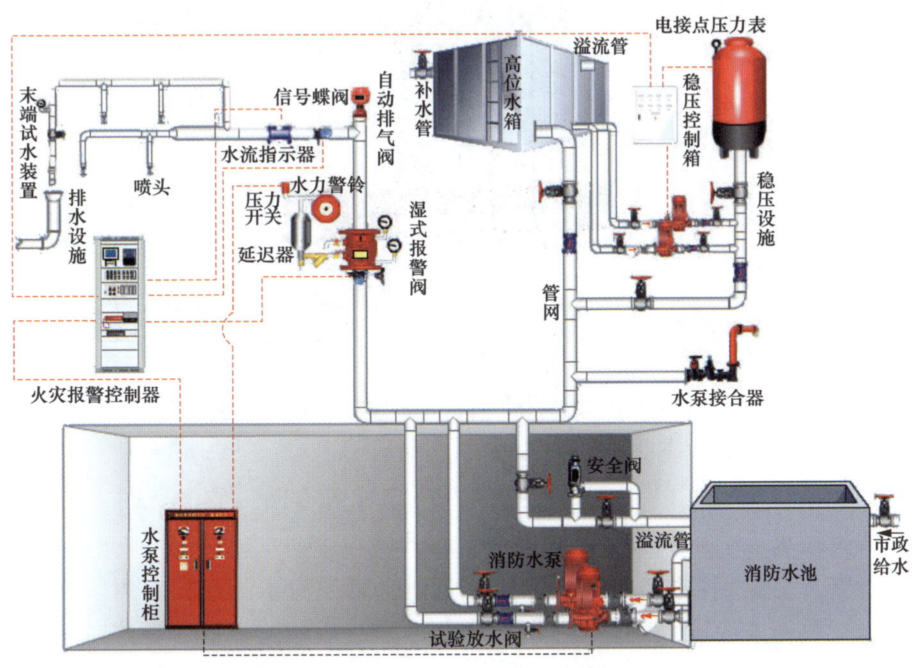

图 2-7　自动喷水灭火系统示意图

二、操作方法

从自动喷水灭火系统的工作原理可知，只要系统准工作状态正常，在火灾温度作用下，系统会自动喷水灭火，不需要人为干预或者说操作。所谓人为操作方法，就是通过一些操作保障系统一直维持系统准工作状态正常。除了前面章节里提到的消防水源、消防泵、稳压系统、水箱等保持正常状态以外，对于自动喷水灭火系统维持系统准工作状态正常的关键点是：①确保喷淋泵状态正常；②确保湿式报警阀状态正常。

（一）喷淋泵

与喷淋泵相关的操作已在消防给水系统中有所讲述，参见本章第一节。

（二）湿式报警阀

与湿式报警阀相关的操作主要有试验阀放水试验、末端试水装置和末端试水阀放水试验、水力警铃功能试验等。湿式报警阀组的组成如图 2–8 所示。

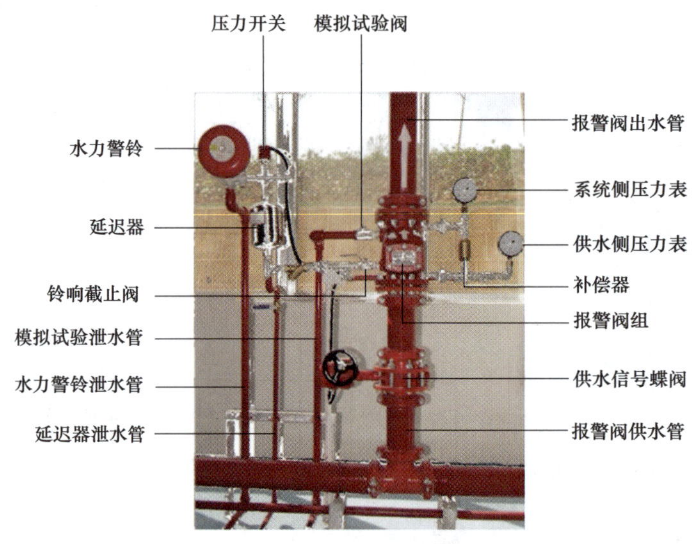

图 2–8　湿式报警阀组的组成

1. 试验阀放水试验

（1）确认消防水泵控制柜上的手动、自动控制按钮处于自动状态。若处于手动状态，则将其旋转到自动状态。

（2）转动模拟试验阀的把手，使把手方向与管道方向一致。此时，模拟试验阀开启，模拟试验泄水管中有水流出，湿式报警阀开启。

（3）若安装有延迟器，5~90s 后，延迟器泄水管中有水流出，水力警铃发出洪亮声响，与压力开关相连的输入模块动作灯亮红灯。若未安装延迟器，等待时间为 15s。

（4）压力开关动作后，消防泵自动启动。联系消防控制室值班员，火灾报警控制器显示屏上应有压力开关动作和消防泵启动的反馈信息。

（5）将水泵控制柜上的手动、自动控制按钮旋转至手动状态，此时消防泵停止运转。

（6）转动模拟试验阀的把手，使把手方向与管道方向垂直，此时模拟试验阀关闭。

（7）将水泵控制柜上的手动、自动控制按钮旋转至自动状态。

2. 末端试水装置、末端试水阀放水试验

此项检查需要至少两人配合，一人位于末端试水装置或末端试水阀处，另一人位于消防水泵房。

（1）确认消防水泵控制柜上的手动、自动控制按钮处于自动状态。若处于手动状态，则将其旋转到自动状态。

（2）转动末端试水装置或末端试水阀的阀门把手，阀门开启后水管中有水流出。联系消防控制室值班员，报警主机显示屏上应出现水流指示器动作的反馈信息，该水流指示器应与末端试水装置或末端试水阀处于同一楼层或同一防火分区。

（3）若湿式报警阀安装有延迟器，5~90s 后，延迟器泄水管中有水流出，水力警铃发出洪亮声响，与压力开关相连的输入模块动作灯亮红灯。若未安装延迟器，等待时间为 15s。

（4）压力开关动作后，消防泵自动启动。联系消防控制室值班员，火灾报警控制器显示屏上应有压力开关动作和消防泵启动的反馈信息。

（5）将水泵控制柜上的手动、自动控制按钮旋转至手动状态，此时消防泵停止运转。

（6）转动末端试水装置或末端试水阀的阀门把手，使其关闭，阀门后的水通过排水装置排出。

（7）将水泵控制柜上的手动、自动控制按钮旋转至自动状态。

3. 水力警铃功能试验

（1）打开报警阀后侧的水力警铃测试管路。

（2）水力警铃应发出洪亮声响，与压力开关相连的输入模块动作灯亮红灯。联系消防控制室值班员，火灾报警控制器显示屏上应有压力开关动作的反馈信息。若喷淋泵处于自动状态，则喷淋泵应启动。

（3）关闭水力警铃测试管路和喷淋泵。若喷淋泵处于手动状态，应将其调整至自动状态。

三、巡查检查方法

（一）喷头

（1）目测检查洒水喷头外观，应无加工缺陷、机械损伤、无明显磕碰伤痕或损坏；溅水盘无松动、脱落、损坏或变形等情况。

（2）喷头不应被障碍物遮挡。

（3）喷头溅水盘或本体上应有型号、规格、生产厂商名称或商标、生产时间、响应时间指数等永久性标识。

（4）边墙型喷头上有水流方向标识，安装方向应与水流方向一致。

（5）隐蔽式喷头盖板上有“不可涂覆”文字标识，盖板不应被涂料、油漆等装饰物涂覆。

（6）若发现喷头上有异物，应小心清除，注意不要损坏喷头上的玻璃球，否则会导致喷头喷水、消防泵自动启动。

（7）当喷头损坏时，应联系专业消防维保单位使用专用扳手更换，不可自行更换。

（二）湿式报警阀

（1）外观检查：

1）肉眼观察报警阀组及其附件，表面应无明显锈蚀、无机械损伤、无漏水现象。

2）报警阀组及其附件应配备齐全。

3）报警阀组设置场所的排水设施无排水不畅或积水等情况。

4）报警阀组的阀门启闭状态应正确：铃响截止阀和信号蝶阀应保持常开；模拟试验阀应保持常闭。各阀门上应悬挂有“常开”“常闭”等明显标识牌。

5）读取报警阀系统侧压力表、供水侧压力表读数，两表压差应小于 0.01MPa。

（2）试验阀放水试验：操作方法参考本节二（二）1 的内容。

（3）过滤器排渣：关闭过滤器前后的阀门，将滤网拆下，排渣清洗后重新安装到位。

（三）水流指示器

水流指示器报警功能试验：水流指示器的报警功能试验需要通过末端试水装置放水试验、末端试水阀放水试验进行，当开启阀门后，在 0~90s 时间内，水流指示器应向消防控制中心发出信号，指示测试的楼层或防火分区。操作方法参考本节二（二）2 的内容。

（四）末端试水装置和末端试水阀

（1）外观检查：末端试水装置和试水阀的设置位置应便于操作和观察，排水设施应保持完好，压力表应完好无损、读数准确，读数不应小于 0.1MPa。

（2）末端试水阀放水试验：操作方法参考本节“末端试水装置、末端试水阀放水试验”。

（3）末端试水装置放水试验：操作方法参考本节二（二）2 的内容。

（五）阀门

（1）外观检查：阀门应完好无损，无锈蚀、漏水现象。

（2）检查系统各处阀门的铅封、锁链情况，当有破损时应及时修理更换。

（3）地下阀门井中的控制阀检查：检查室外阀门井情况，发现阀门井积水、有垃圾或者有杂物的，及时排除积水，清除垃圾、杂物；发现管网中的控制阀门未完全开启或者关闭的，完全开启到位；发现阀门有漏水情况的，按照前述室内阀门的要求查漏、修复、更换、除锈。

（六）系统供电巡查

（1）检查自动喷水灭火系统的消防泵、稳压泵等用电设备的控制柜，手动、自动切换按钮应处于自动状态。控制柜若装有电压表、电流表，其读数应正常。

（2）系统中的电磁阀、模块等电气元器件应线路完好，处于正常通电状态。

自动喷水灭火系统周期性检查维护表如表 2–18 所示。

表 2–18 自动喷水灭火系统周期性检查维护表

维护周期	内容
每日	1）喷头外观情况
	2）报警阀组外观情况
	3）系统末端试水装置、末端试水阀外观情况
	4）系统用电设备的电源及其供电情况
每月	1）电动、内燃机驱动的消防水泵启动运行测试
	2）喷头完好状况、备用量及异物清除等检查
	3）系统所有阀门启闭状态及其铅封、锁链完好状况检查
	4）消防气压给水设备的气压、水位测试，消防水池、消防水箱的水位以及消防用水不被挪用的技术措施检查
	5）水泵接合器完好性检查
	6）过滤器排渣
	7）报警阀启动性能测试（通过报警阀组试验阀放水试验进行）
	8）电磁阀启动测试
	9）水流指示器功能测试（通过末端试水装置放水试验进行）
每季	1）报警阀组的试验阀放水测试
	2）末端试水阀和报警阀旁的放水试验阀放水试验
	3）室外阀门井中的控制阀门开启状况及其使用性能测试
每年	1）水源供水能力测试
	2）水泵接合器通水加压测试
	3）消防储水设备结构材料检查
	4）系统联动测试

注 1. 消防水源、消防水泵、消防水池、消防水箱、气压给水设备、水泵接合器等消防给水设施的维护保养方法参考消防给水系统相关内容。

2. 系统联动测试应委托专业消防检测单位进行，可结合消防年度检测一并开展。

四、自动喷水灭火系统常见故障及处理方法

自动喷水灭火系统的常见故障及处理方法如表 2–19 所示。

表 2–19　　自动喷水灭火系统的常见故障及处理方法

故障表现	故障原因分析	故障处理
报警阀组漏水	排水阀门未完全关闭	关紧排水阀门
	阀瓣密封垫老化或者损坏	更换阀瓣密封垫
	系统侧管道接口渗漏	密封垫老化、损坏的，更换；密封垫错位的，调整位置；管道接口锈蚀、磨损严重的，更换
	报警管路测试控制阀渗漏	更换报警管路测试控制阀
	阀瓣组件与阀座之间因变形或污垢、杂物阻挡而不密封	先放水冲洗，若仍渗漏，关闭进水口侧和系统侧控制阀，卸下阀板，清除杂质；拆卸阀体，若阀瓣组件、阀座存在明显变形、损伤的，更换
报警阀启动后报警管路不排水	报警管路控制阀关闭	开启报警管路控制阀
	报警管路过滤器被堵塞	卸下过滤器，冲洗干净后重新安装回原位
报警阀误报警	未按照安装图样安装或者未按照调试要求进行调试	按照安装图样核对报警阀组组件安装情况；重新对报警阀组伺服状态进行调试
	报警阀组渗漏，水通过报警管路流出	按照报警阀渗漏原因进行查找和处理
	延迟器下部孔板溢出水孔堵塞，发生报警或缩短延迟时间	卸下筒体，拆下孔板进行清洗
水力警铃工作不正常	产品质量问题或者安装调试不符合要求	属于产品质量问题的，更换水力警铃；安装缺少组件或者未按照图样安装的，重新进行安装调试
	报警阀至水力警铃的管路阻塞或者铃锤机构被卡住	拆下喷嘴、叶轮及铃锤组件，进行冲洗，重新装合使叶轮转动灵活
开启测试阀，水力警铃正常，与压力开关相连的模块信号灯不亮	报警阀至压力开关的管路阻塞	对相应管路进行冲洗
	压力开关自身故障	拆除压力开关信号接口，开启报警阀手动测试阀，用仪表测试压力开关信号线是否有信号输出，如果没有信号，证明压力开关自身故障，需更换
	压力开关至输入模块的报警线路故障	观察报警线路是否有脱落、断线、接触不良等情况，若有则重新进行接线
	输入模块自身故障	更换输入模块

续表

故障表现	故障原因分析	故障处理
开启测试阀，消防水泵不能正常自动启动	流量开关或压力开关的设定值不正确	将流量开关或压力开关内的调压螺母调整到规定值
	水泵控制柜的控制回路或者电气元件损坏	检修控制柜控制回路或者更换电气元件
	水泵控制柜未设定在自动控制状态	将控制模式设定为自动状态
延迟器下方漏水	阀板与阀座密封处关不严	手动开启放水试验阀，用水力冲洗阀门，再关闭放水阀。若关阀后故障仍然存在，请专业人员拆下湿式报警阀，清除阀板与阀座密封处的垃圾
水流指示器故障	桨片被管腔内杂物卡阻	清除水流指示器管腔内的杂物
	调整螺母、触头未调试到位	将调整螺母与触头调试到位
	电路接线脱落	检查并重新将脱落电路接通
末端试水装置处压力与系统要求不匹配	压力表损坏	对压力表精度进行校核，或更换新的压力表
	水箱高度出现变化	核对水箱高度，检修水箱结构基础
	管网漏水	通过听漏等方法找出管网故障点，进行修复
	稳压泵故障	参照第二节消防给水中稳压泵故障处理方法
	减压阀后压力失常	调节减压阀的减压比例
电磁阀不能正常启闭	控制线路无电平输出	检修电磁阀控制线路
	电磁阀被杂物卡阻	关闭前后阀门，拆下电磁阀，清除杂物
	电磁阀自身损坏	更换电磁阀

第四节　水喷雾灭火系统

一、水喷雾灭火系统的组成与主要设备

水喷雾灭火系统由水源、供水设备、管道、雨淋报警阀（电动控制阀、气动控制阀）、过滤器和水雾喷头等组成，主要通过表面冷却、隔氧窒息、乳化和稀释等机理实施灭火。

水喷雾灭火系统在电力企业中多应用于变电站，是一种固定式灭火系统。一旦室外

油浸式变压器发生火灾，设置在现场的火灾自动报警系统报警，在切断电源后，打开水喷雾灭火系统的雨淋阀，系统供水通过水雾喷头喷水灭火。水雾喷头在一定水压下，将水流分解成细小水雾滴，可对变压器进行灭火或防护冷却。

1. 水雾喷头

水雾喷头有多种形式。对于电力企业来说，扑救电气火灾应选用离心雾化型水雾喷头，并应带有柱状过滤网，当用于灭火时喷头的工作压力不应小于 0.35MPa。

水雾喷头型号的表示方法如下：

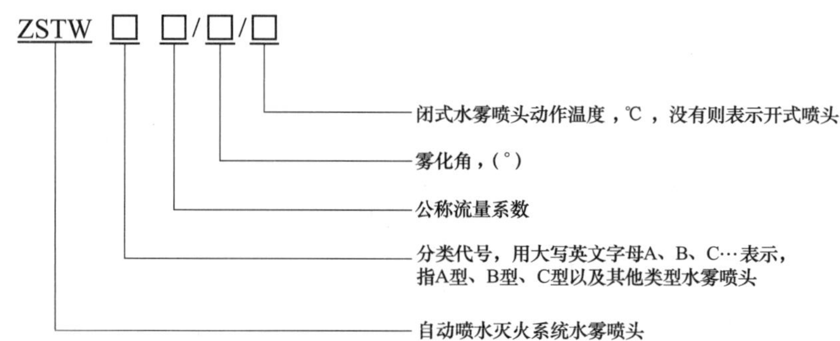

水雾喷头主要参数如表 2-20 所示。

表 2-20　　水雾喷头主要参数表

参数类型	参数值
分类代号	A 型—进水口与出水口成一定角度的离心雾化喷头
	B 型—进水口与出水口在一条直线上的离心雾化喷头
	C 型—由于撞击作用而产生雾化的喷头
雾化角（°）	45，60，90，120，150
公称动作温度	应用于油浸式变压器时，多为开式喷头，不涉及动作温度

例：水雾喷头型号 ZSTW A40/120 表示 A 型水雾喷头、公称流量系数为 40、雾化角为 120° 的自动喷水灭火系统水雾喷头。

2. 雨淋阀组

雨淋阀组是水喷雾灭火系统的关键设备，雨淋报警阀具有操作方便、开启迅速、可靠性高等特点。雨淋报警阀是一种消防专用的水力快开阀，具有既可远程遥控又可就地人为操作两种开启阀门的操作方式。因此，雨淋报警阀具有水喷雾灭火系统自动控制、手动控制和应急操作三种控制方式。电力行业雨淋阀组一般采用推杆型和隔膜型。隔膜型雨淋阀工作示意图如图 2-9 所示。

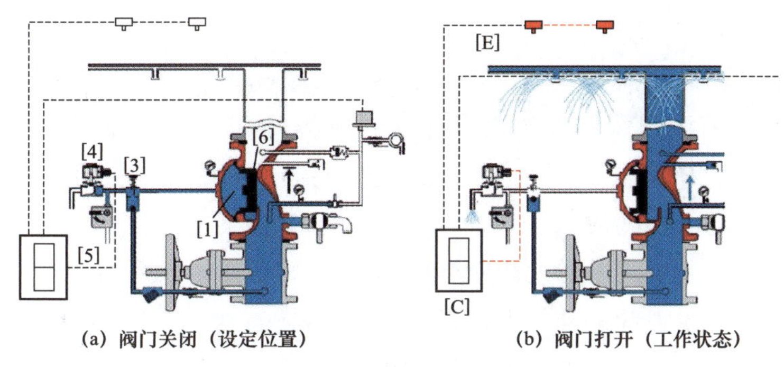

(a) 阀门关闭（设定位置） (b) 阀门打开（工作状态）

图 2-9 隔膜型雨淋阀工作示意图

雨淋报警阀型号的表示方法如下：

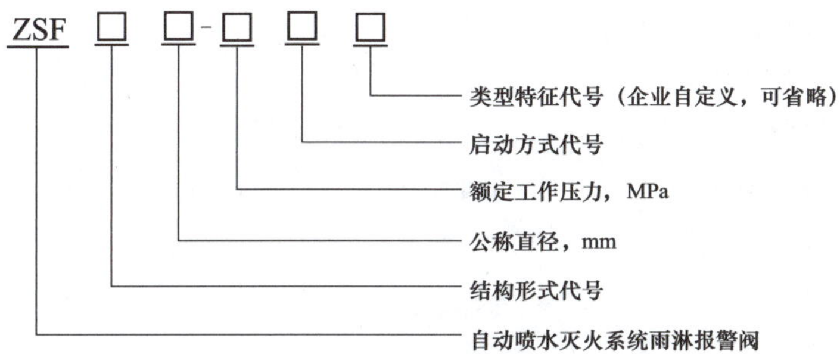

雨淋报警阀主要参数如表 2-21 所示。

表 2-21 雨淋报警阀主要参数表

参数类型	参数值
结构形式	G—推杆型；M—隔膜型；S—活塞型；D—蝶阀型；W—温感型
公称直径（mm）	25、32 、40、50、65、80、100、125、150、200、250、300
额定工作压力（MPa）	≥ 1.2
启动方式	J—加压式，减压式代号省略
最低开启压力（MPa）	0.14

例：阀体型号 ZSFG 100-1.2 C1 表示推杆型、减压式启动、额定工作压力 1.2MPa、公称直径 100mm 的雨淋报警阀。

二、水喷雾灭火系统主要设备操作方法

水喷雾灭火系统一旦配置完成，应保证系统的水源可靠、消防水泵安全可靠、稳压设备工作正常、主要管线及配件完好，这些内容前面章节已经阐述，此处不再重复。下面介绍系统中特殊设备的操作方法。

1. 雨淋阀自动放水试验

（1）关闭雨淋阀后的信号蝶阀，开启雨淋阀试验阀。

（2）在火灾报警控制器多线控制盘或电磁阀控制柜上找到和雨淋阀相对应的电磁阀，按下启动按钮，电磁阀应能打开，多线控制盘或电磁阀控制柜上的反馈指示灯亮起，雨淋阀第三腔的水被泻放。

（3）雨淋阀开启，水力警铃发出鸣响，压力开关动作。联系消防控制室值班员，火灾报警控制器上应有压力开关动作的反馈信号。

（4）按下多线控制盘或电磁阀控制柜上的停止按钮，电磁阀应关闭，相应反馈指示灯熄灭。

（5）开启雨淋阀快速复位阀，将雨淋报警阀恢复到准工作状态。

（6）开启雨淋阀后的信号蝶阀，关闭雨淋阀试验阀。

2. 雨淋阀手动放水试验

（1）关闭雨淋阀后的信号蝶阀，开启雨淋阀试验阀。

（2）按下雨淋阀附近的电磁阀手动启动按钮，或通过专用工具旋开电磁阀，电磁阀应能打开，雨淋阀第三腔的水被泻放。

（3）雨淋阀开启，水力警铃发出鸣响，压力开关动作。联系消防控制室值班员，火灾报警控制器上应有压力开关动作的反馈信号。

（4）通过专用工具手动关闭电磁阀。

（5）开启电磁阀复位阀，将雨淋报警阀恢复到准工作状态。

（6）开启雨淋阀后的信号蝶阀，关闭雨淋阀试验阀。

三、水喷雾灭火系统巡查检查方法

1. 雨淋报警阀组

（1）外观检查：目测观察报警阀组及其附件，表面应无明显锈蚀、无机械损伤、无漏水现象；现场手动控制装置的外观标志应无磨损、模糊等现象；各阀门外观应完好，启闭状态应正常。

（2）检查雨淋阀阀瓣复位情况，应复位严密，无漏水现象。

（3）查看阀前稳压值，应符合设计要求且不小于 0.25MPa。

（4）开启电磁阀和雨淋阀试验管路，雨淋阀应能正常出水。

2. 水雾喷头

（1）外观检查：目测检查洒水喷头外观，应无加工缺陷、机械损伤、无明显磕碰伤痕或损坏。喷头上有异物时应及时清除。

（2）数量检查：检查备用喷头，其数量应不小于相同型号规格喷头实际设计使用总数的 1%，且每种型号分别不应少于 5 只。

3. 过滤器

拧开过滤器旋塞，取出过滤器进行排渣，冲洗干净后安装回原位。

水喷雾灭火系统周期性检查维护表如表 2–22 所示。

表 2–22　　水喷雾灭火系统周期性检查维护表

维护周期	内容
每日	设备及组件外观巡查
每月	1）雨淋报警阀组阀瓣复位情况
	2）雨淋报警阀组阀前压力表指示情况
	3）喷头异物清除
	4）阀门铅封、锁链完好状况
	5）电磁阀启动试验
	6）过滤器排渣
每年	系统联动测试

注　系统联动测试可委托专业消防检测单位进行，连同自动消防设施年度检测一同开展。

四、水喷雾灭火系统故障及处理方法

水喷雾灭火系统的常见故障及处理方法如表 2–23 所示。

表 2–23　　水喷雾灭火系统的常见故障及处理方法

故障表现	故障原因分析	故障处理
雨淋报警阀不能进入伺服状态	复位装置存在问题	修复或者更换复位装置
	未按照安装调试说明书将报警阀组调试到伺服状态（隔膜室控制阀、复位球阀未关闭）	按照安装调试说明书将报警阀组调试到伺服状态（开启隔膜室控制阀、复位球阀）
	消防用水水质存在问题，杂质堵塞了隔膜室管道上的过滤器	将供水控制阀关闭，拆下过滤器的滤网，用清水冲洗干净后重新安装到位
自动滴水阀漏水	产品存在质量问题	更换存在问题的产品或者部件
	安装调试或者平时定期试验、实施灭火后，没有将系统侧管内的余水排尽	开启放水控制阀，排除系统侧管道内的余水
	雨淋报警阀隔膜球面中线密封处因施工遗留的杂物、不干净消防用水中的杂质等导致球状密封面不能完全密封	启动雨淋报警阀，采用洁净水流冲洗遗留在密封面处的杂质

续表

故障表现	故障原因分析	故障处理
复位装置不能复位	水质过脏，有细小杂质进入复位装置密封面	拆下复位装置，用清水冲洗干净后重新安装，调试到位
长期无故报警	未按照安装图纸进行安装调试	检查各组件安装情况，按照安装图纸重新进行安装调试
	误将试验管路控制阀常开	关闭试验管路控制阀
系统测试不报警	消防用水中的杂质堵塞了报警管道过滤器的滤网	拆下过滤器，用清水将滤网冲洗干净后重新安装到位
	水力警铃进水口处喷嘴被堵塞，未配置铃锤或者铃锤卡死	检查水力警铃的配件，配齐组件；对杂物卡阻、堵塞的部件进行冲洗后重新装配到位
电磁阀故障	水质过脏，有细小杂质进入电磁阀	拆下过滤器，用清水将滤网冲洗干净后重新安装到位
	电磁阀与报警主机的信号传输有问题	检查报警主机传输线路
	电磁阀损坏	更换电磁阀

第五节　细水雾灭火系统

一、细水雾灭火系统组成

细水雾灭火系统主要通过冷却、窒息、隔绝热辐射三重作用达到控制火灾、抑制火灾和扑灭火灾的目的。相较于水喷雾灭火系统，其水滴微粒直径更小，喷射速度更快，具有更为优越的灭火性能。对于电力系统而言，细水雾灭火系统主要用于保护油浸式变压器，绝大多数为开式泵组系统。本节以开式泵组系统为例，对细水雾灭火系统进行讲解。

泵组式细水雾系统如图 2-10 所示。开式泵组细水雾系统主要包括细水雾泵组、管道、分区控制阀、细水雾喷头等，必须依靠报警联动系统才能可靠运行。开式细水雾灭火系统类似于气体灭火系统，包括全淹没应用方式和局部应用方式。采用全淹没应用方式时，微小的雾滴粒径以及较高的喷放压力，使得细水雾雾滴能像气体一样具有一定的流动性和弥散性，充满整个空间，通过细水雾的冷却、窒息、稀释、乳化、隔离、浸润等综合作用，使燃烧不能维持而达到灭火的目的，其中冷却和窒息是起决定作用的。当防护区发生火灾时，火灾探测器作为启动信号，通过火灾自动报警设备首先开启火灾所

在防火分区的分区控制阀，压力水通过细水雾喷头以雾状喷出，通过表面冷却、窒息、乳化和稀释扑灭火灾。

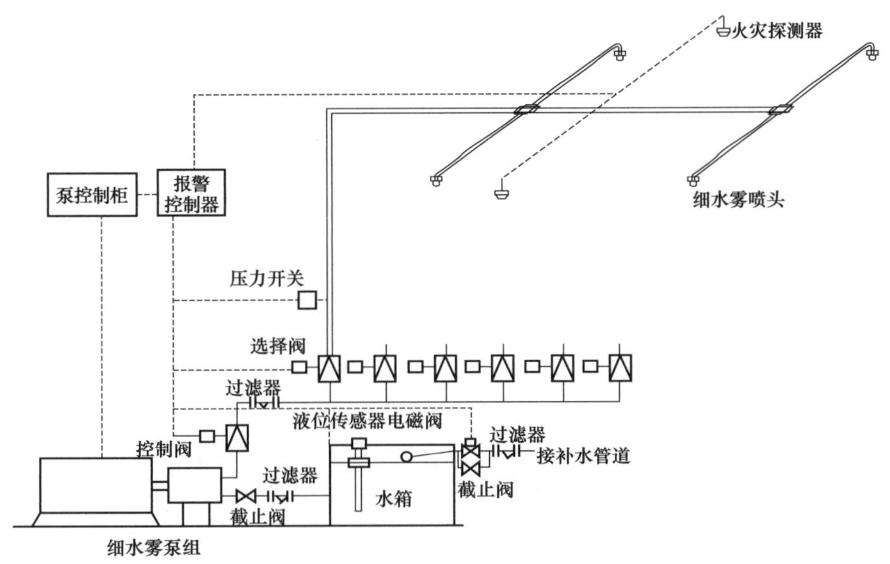

图 2-10 泵组式细水雾系统

1. 开式细水雾喷头

开式细水雾喷头能够在喷头轴线下方 1.0m 处的平面上形成直径 Dv0.50 小于 200μm、Dv0.99 小于 400μm 的极细水雾滴，对制造精度要求极高。

细水雾喷头型号的表示方法如下：

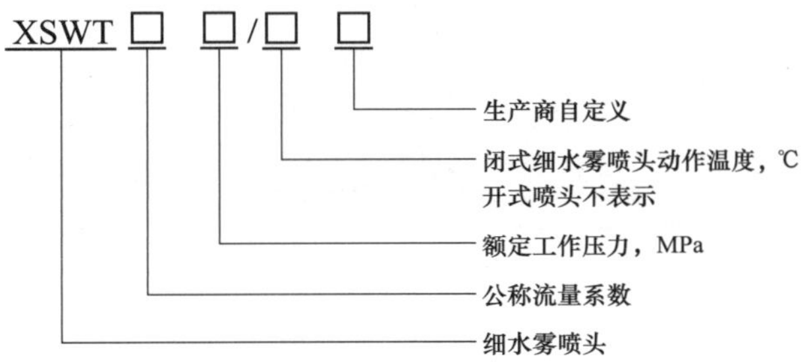

细水雾喷头的主要参数如表 2-24 所示。

表 2-24 细水雾喷头主要参数表

参数类型	参数值
公称流量系数	应与设计文件一致
额定工作压力	不小于系统设计压力，且≥ 1.2MPa
特征代号	Q—全淹没；J—局部应用；两种方式皆可则不予标示

例：喷头型号 XSWT1.02.0/XY 表示流量系数 1、额定工作压力 2.0MPa 的细水雾开式喷头。

2. 分区控制阀

分区控制阀是细水雾灭火系统的关键组件之一，分区控制阀由系统控制（电动）阀、供水球阀、压力开关、压力表及连接管道等组成。分区控制阀组材质为不锈钢，其最大工作压力为 16.0MPa，输入电压为 AC220V。该设备能在规定的压力范围下动作；能通过自动、手动或机械应急方式启动；启动后必须手动复位，阀瓣或阀芯组件不应自动回到伺服状态位置。

从功能上可知，该设备在接收火灾报警控制器的控制信号后，自动开启相应分区的电动截止阀向防护区释放细水雾实施灭火。在喷头正常喷放细水雾时由压力开关向火灾报警控制器发出反馈信号。

3. 泵组系统

细水雾灭火系统泵组不同于其他的灭火系统，它的泵组要求出口压力高，基本采用柱塞泵，与其他系消防统采用的泵差别较大，加工精度高，材质好。

细水雾泵组的型号表示方法如下：

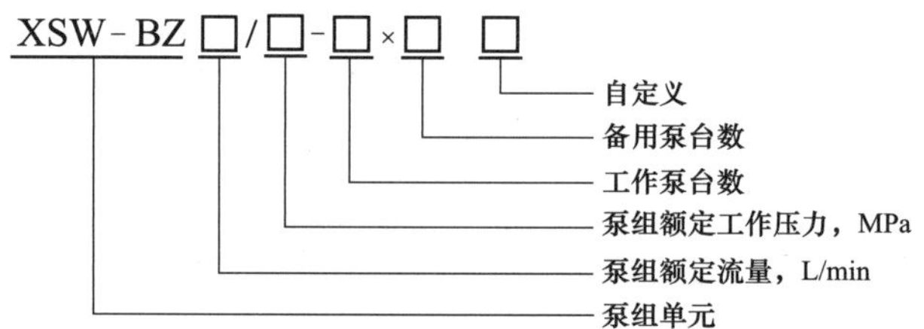

细水雾泵组的主要参数如表 2–25 所示。

表 2–25　　细水雾泵组主要参数表

产品代号			特征代号					主参数	
瓶组式	泵组式	其他	压力等级			使用喷头形式		泵组式装置	瓶组式装置
			高压	中压	低压	开式	闭式		
P	B	Q	G	Z	D	不标注	B	装置额定流量 / 装置额定工作压力 (L/min)/MPa	装置储水量 */储存压力 L/MPa

* 装置储水量表示为单只瓶组储水量 (L) × 瓶组数，单只瓶组不标瓶组数。

例：标识为 XSW–BZ 120/14–3 × 1 表示泵组额定流量为 120L/min、额定压力为 14MPa，由 3 台工作泵、1 台备用泵组成的泵组单元。

细水雾灭火系统泵组的要求如下：

（1）水泵应设置备用泵。备用泵的工作性能应与最大一台工作泵相同，主、备用泵应具有自动切换功能，并应能手动操作停泵。主、备用泵的自动切换时间不应小于30s；采用柴油泵作为备用泵时，柴油泵的启动时间不应大于5s。

（2）水泵应采用自灌式引水或其他可靠的引水方式。

（3）水泵出水总管上应设置压力显示装置、安全阀和泄放试验阀。

（4）每台泵的出水口均应设置止回阀。

（5）水泵的控制装置应布置在干燥、通风的部位，并应便于操作和检修。

（6）水泵采用柴油机泵时，应保证其能持续运行60min；采用柴油泵作为备用泵时，柴油泵的启动时间不应大于5s。

（7）稳压泵的工作压力和流量应满足装置的稳压要求。系统应具备双电源自动切换功能，切换时间小于2s。

（8）水泵控制柜（盘）的防护等级不应低于IP54。

4. 供水装置

细水雾供水装置也有别于其他系统的水源要求，由储水箱、过滤器等部件组成。

细水雾供水装置应符合下列规定：

（1）储水箱应采用密闭结构，并应采用不锈钢或其他能保证水质的材料制作。

（2）储水箱应具有防尘、避光的技术措施。

（3）储水箱应具有保证自动补水的装置，并应设置液位显示、高低液位报警装置和溢流、透气及放空装置。

5. 过滤器

在细水雾灭火系统储水箱进水口处应设置过滤器，在出水口或控制阀前应设置过滤器，过滤器的设置位置应便于维护、更换和清洗等。

过滤器应符合下列规定：

（1）过滤器的材质应为不锈钢、铜合金或其他耐腐蚀性能不低于不锈钢、铜合金的材料。

（2）过滤器的网孔孔径不应大于喷头最小喷孔孔径的80%。

二、细水雾灭火系统操作方法

细水雾灭火系统的日常操作应确保系统及与系统联动的火灾报警系统或其他装置、电源等均应处于准工作状态。电力行业的细水雾灭火系统都是开式系统，平时不允许防护区喷雾，因此运维管理人员应学会操作分区控制阀。

（一）分区控制阀远程自动开启试验

（1）关闭分区控制阀后供水管路上的闸阀。

（2）打开分区控制阀后试验接口处的闸阀，将高压细水雾区域阀组调试试验装置的接头与试验接口相连接。高压细水雾区域阀组调试试验装置如图 2-11 所示。

图 2-11　高压细水雾区域阀组调试试验装置

（3）在火灾报警控制器多线控制盘或其他电磁阀控制柜上，找到与试验分区相对应的分区控制阀启动按钮，按下启动按钮。

（4）分区控制阀应开启，多线控制盘或电磁阀控制柜上的反馈指示灯应亮起。分区控制阀后的压力表读数应上升。

（5）按下多线控制盘或电磁阀控制柜上的停止按钮，电磁阀应关闭，反馈指示灯应熄灭。

（6）拆除高压细水雾区域阀组调试试验装置，关闭试验接口处的闸阀。

（7）将分区控制阀后供水管路上的闸阀恢复至开启状态。

（二）分区控制阀现场手动开启试验

（1）关闭分区控制阀后供水管路上的闸阀。

（2）打开分区控制阀后试验接口处的闸阀，将高压细水雾区域阀组调试试验装置的接头与试验接口相连接。

（3）按下分区控制阀附近的绿色启动按钮，或使用专用螺杆等工具旋开电磁阀。

（4）分区控制阀应开启，分区控制阀后的压力表读数应上升。

（5）通过专用螺杆等工具关闭电磁阀。

（6）拆除高压细水雾区域阀组调试试验装置，关闭试验接口处的闸阀。

（7）将分区控制阀后供水管路上的闸阀恢复至开启状态。

三、细水雾灭火系统巡查检查方法

细水雾灭火系统的检查巡查方法中，通用消防设施的检查巡查方法请参考前文，这里只介绍开式细水雾系统的特定设施的日常检查巡查方法。需要注意的是，细水雾灭火系统往往集成度较高，造价昂贵，其维护管理需要经过培训的专业人员承担，以防发生误操作或损坏设备。

（一）细水雾喷头

观察洒水喷头外观，应无加工缺陷、机械损伤、无明显磕碰伤痕或损坏。喷头上有异物时应及时清除。

（二）泵组系统

（1）观察细水雾系统泵组，应安装牢固，无明显锈蚀和机械损伤。

（2）查看高压细水雾泵组显示屏，待机状态下不应有报警。如有报警，点击触摸屏查看报警记录，根据记录内容进行排除。高压细水雾泵组显示屏如图 2-12 所示。

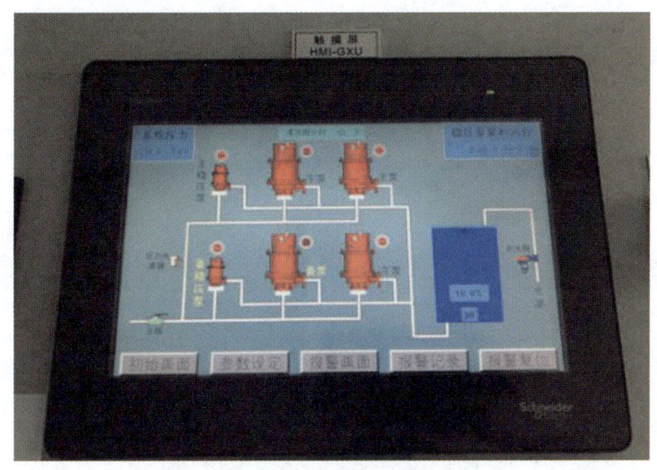

图 2-12 高压细水雾泵组显示屏

（3）查看高压细水雾泵组显示屏，系统工作压力等参数应正常。

（4）查看高压细水雾泵组自动巡检记录，巡检时间、频次应正常，泵组应能正常启动。

（5）查看高压细水雾泵组控制柜，常用电源指示灯、系统准备就绪灯和控制电源指示灯应常亮。

（三）供水装置

（1）外观检查：观察供水装置外观，应完好无损，无变形、漏水现象。

（2）通过就地液位计查看水箱水位，若水位过低应及时检查进水管路。

（3）通过显示屏查看水箱水位，应与现场实际情况一致。

（4）通过检修口查看水箱内水质情况，应清澈无污染，无异常漂浮物和水生生物。

（5）冬季每日应对设有储水设施的房间进行温度检测，低于 5℃时应采取升温保温措施。

（四）分区控制阀

（1）外观检查：观察分区控制阀及其附件，表面应无明显锈蚀、无机械损伤、无漏水现象。手动控制按钮保护罩、铅封应完好，各阀门外观应完好，启闭状态应正常。

（2）分区控制阀自动开启试验，操作方法见本节“二、细水雾灭火系统操作方法”。

（3）分区控制阀手动开启试验，操作方法见本节“二、细水雾灭火系统操作方法”。

（五）过滤器

取出过滤器进行排渣，冲洗干净后安装回原位。

细水雾灭火系统周期性检查维护如表 2–26 所示。

表 2–26　　细水雾灭火系统周期性检查维护表

维护周期	内容
每日	1）目测控制阀状况及开闭状态
	2）电源供电情况
	3）报警控制装置巡检完好、控制面板显示信号状态
	4）检查标识清晰、完整情况及位置
	5）冬季检查设置储水设备的房间温度
每月	1）系统组件外观情况
	2）分区控制阀动作试验
	3）检查阀门位置，铅封、锁链状况
	4）检测储水水位及储气压力
	5）进行试水阀放水试验，检查动作信号反馈情况
	6）检查喷头状况，清除异物，统计备用量
	7）手动操作装置保护罩、铅封情况
每年	1）放水试验，检查启动性能和报警联动情况
	2）管道支吊架和连接件外观、牢固程度

注　建议报警联动测试委托专业消防服务机构进行。

四、细水雾灭火系统故障及故障处理步骤

细水雾灭火系统的常见故障及处理方法如表 2–27 所示。

表 2–27　　细水雾灭火系统的常见故障及处理方法

故障表现	故障原因分析	故障处理
泵组出口压力低	泵组测试阀未关闭	关闭泵组测试阀
	泵组进线电源反相	调整进线电源相序
	高压泵损坏	更换高压泵
	使用流量超出额定值	在泵组额定值内工作

续表

故障表现	故障原因分析	故障处理
稳压泵压力不稳	管道内残存空气	完全排除管道空气
	管道有渗漏	管道渗漏点补漏
	高压球阀渗漏	高压球阀渗漏故障处理
	稳压泵出口压力低	调节稳压泵压力调节螺钉
	稳压泵损坏	更换稳压泵
喷头喷雾不正常	管道内有杂质堵塞喷头	喷头每使用一次后要清理喷头滤网处的沙粒、污物等，调试完毕后可以在喷嘴孔处涂上稠度等级为 4 ~ 6 级、滴点不小于 95℃、具有防锈性的润滑脂，或采取其他防尘措施
	喷头工作压力低	查看喷头工作压力是否不小于其最低设计工作压力，更换相适应的喷头
电磁阀不动作	电源线路故障	检查电源线路
	信号线路故障	检查信号线路
	电磁阀损坏	更换电磁阀

第三章　泡沫喷雾灭火系统

泡沫喷雾灭火系统是一种综合利用低倍数泡沫灭火系统和水喷雾灭火系统的特点开发而来的消防设施，具有灭火效率高、安全可靠、无毒无害等优点。它能够喷射出雾化的泡沫混合液，在固定对象周围形成立体的泡沫混合液雾团，不仅能够降温控火，还能够扑灭固定对象表面的油类流淌火。由于泡沫喷雾灭火系统的这一特点，使得它在电力行业的大型室外油浸变压器的火灾防控中得到了广泛应用。

第一节　泡沫喷雾灭火系统的组成与主要设备

对于电力场所来说，常见的泡沫喷雾灭火系统可分为瓶组式（预混）泡沫喷雾灭火系统和泵组式（现混）泡沫喷雾灭火系统。

瓶组式（预混）泡沫喷雾灭火系统使用具有较强高温附着力和抗烧性能的高性能合成泡沫混合液作为灭火剂。这种灭火剂由生产厂家预先调配完成，储存在现场的泡沫混合液储罐中。瓶组式（预混）泡沫喷雾灭火系统主要由启动装置、动力装置、灭火剂储罐、泡沫喷雾喷头、管网及阀门等组成。瓶组式（预混）泡沫喷雾灭火系统原理如图3-1所示。

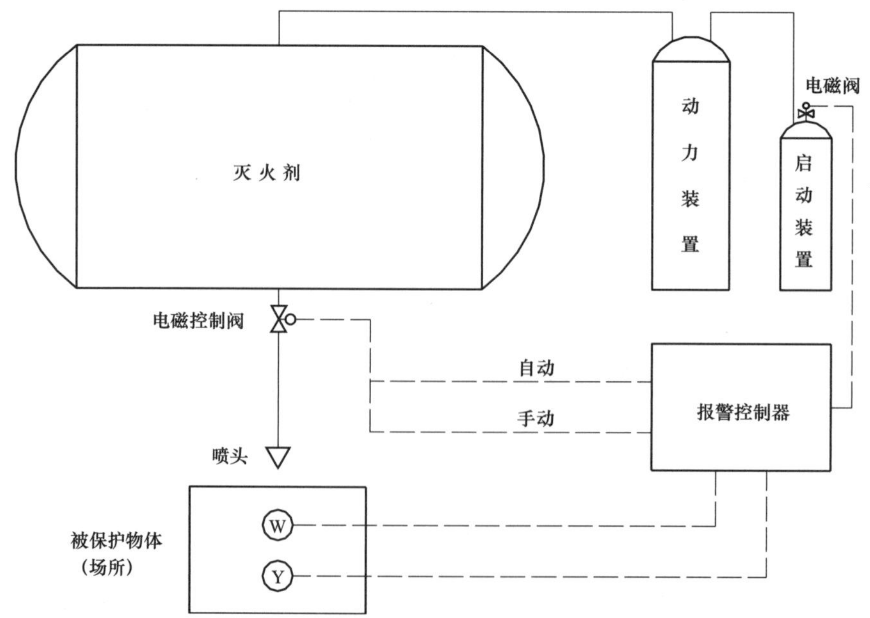

图3-1　瓶组式（预混）泡沫喷雾灭火系统原理图

火灾发生时，感温电缆、火焰探测器等适用于变压器的火灾探测器输出两路报警信号至火灾报警控制器，火灾报警控制器发出火灾警报，对于无人值守变电站，火情信息发送给远程控制中心。待防误动箱接收到变压器多侧开关断电信号后，火灾报警控制器打开启动装置和灭火剂储罐的电磁阀，储存的气体在压力作用下顶开动力装置上的阀门，通过减压阀减压后进入灭火剂储罐，将罐中储存的合成泡沫液压出，进入储罐电磁控制阀后的管道中，再经由泡沫喷雾喷头变为雾状，喷洒在被保护对象表面。

泵组式（现混）泡沫喷雾灭火系统主要由消防水泵、储水箱、泡沫泵、泡沫储罐、稳压泵、稳压罐、雨淋报警阀组、泡沫比例混合器、泡沫喷雾喷头、管道及阀门附件等组成。泵组式（现混）泡沫喷雾灭火系统原理如图 3-2 所示。

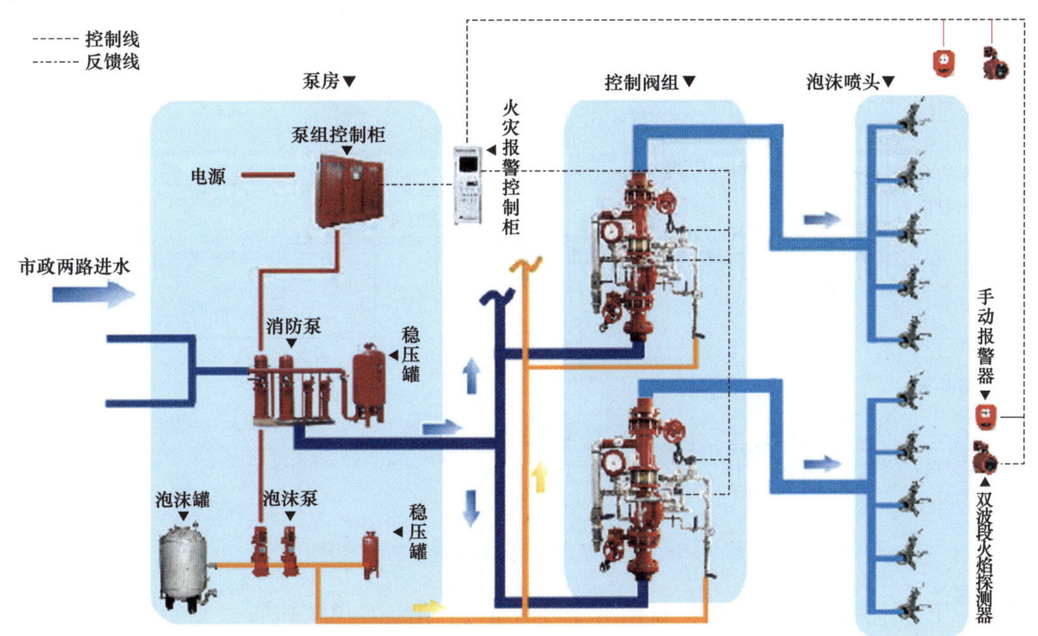

图 3-2 泵组式（现混）泡沫喷雾灭火系统原理图

泵组式（现混）泡沫喷雾灭火系统平时处于备用状态，由稳压泵、稳压管等设备维持系统的工作压力。当发生火灾时，火灾探测器发出两路报警信号，待防误动箱接收到变压器断路器断电信号后，火灾报警控制器开启雨淋报警阀组上的电磁阀，雨淋报警阀组开启，消防水源流入报警阀的报警管路，引发压力开关动作，水力警铃鸣响。压力开关的动作信号连锁启动消防水泵和泡沫泵。消防水泵向系统输送消防水源，泡沫泵向系统输送泡沫液，二者通过泡沫比例混合器按照既定比例混合成为泡沫混合液，进入泡沫比例混合器后方的管道，再经由泡沫喷雾喷头变为雾状，喷洒在被保护对象表面。

1. 泡沫喷雾灭火装置

泡沫喷雾灭火装置用于瓶组式（预混）泡沫喷雾灭火系统，由启动装置、动力装置、灭火剂储罐、泡沫喷雾喷头、管网及阀门等组件组成。泡沫喷雾灭火装置组成示意如图 3-3 所示。

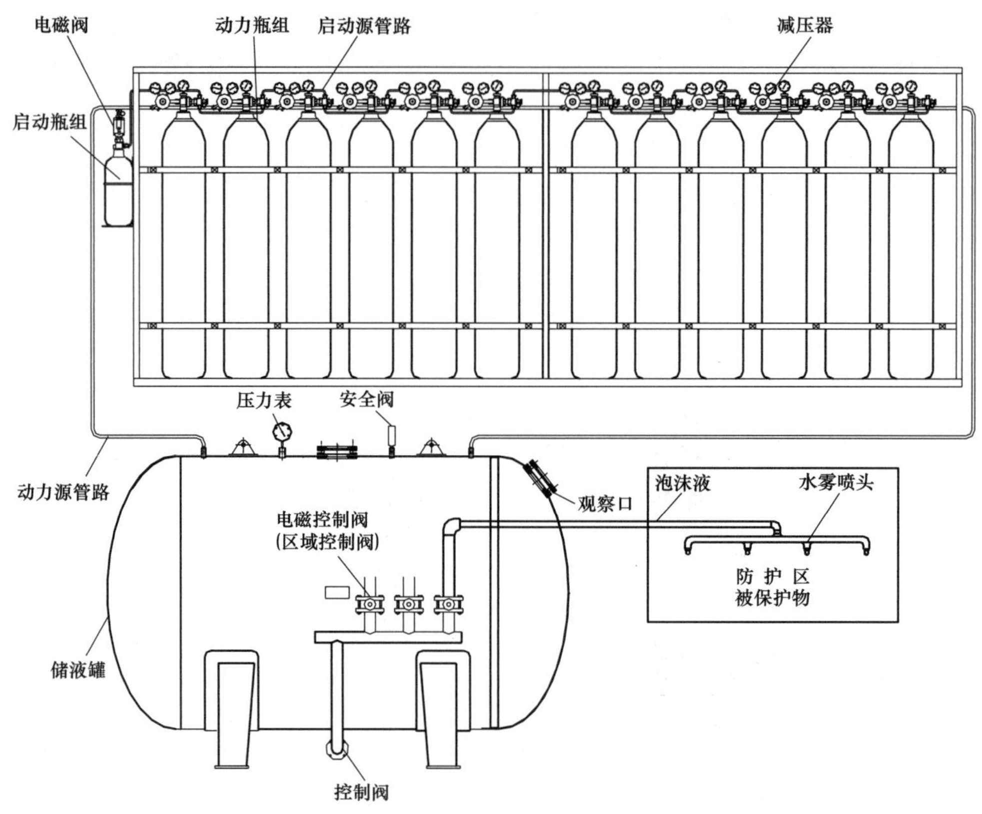

图 3-3　泡沫喷雾灭火装置组成示意图

（1）启动装置。启动装置主要由一个小型的启动瓶组和电磁阀、动管路组成。瓶组平时储存启动气体，工作时电磁阀开启，释放启动气体。

（2）动力装置。储气瓶平时储存一定容积的高压气体，工作时释放，通过减压后注入储液罐，以推动泡沫液通过管网喷入火场。

（3）电磁控制阀。电磁控制阀也称分区控制阀，安装在储液罐出口管路上，用以封存、释放泡沫灭火剂。

（4）储液罐。储液罐是一个由不锈钢或其他耐腐蚀材料制作的压力容器，内部储存有设计储存量的合成泡沫混合液。

（5）泡沫喷雾喷头。能够使储液罐流出的泡沫液形成雾化泡沫，并按设计要求的流量和雾化角度喷射出来，构成包络被保护对象的灭火雾团。泡沫喷雾灭火装置外观如图 3-4 所示。

图 3-4　泡沫喷雾灭火装置

泡沫喷雾灭火装置型号的编制方法如下：

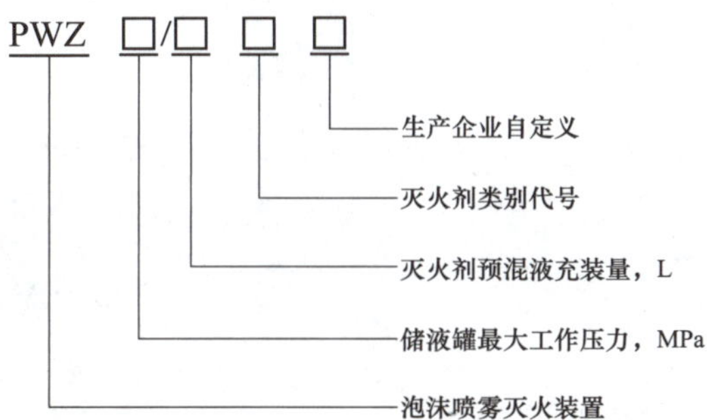

泡沫喷雾灭火装置主要参数如表 3-1 所示。

表 3-1　泡沫喷雾灭火装置主要参数表

组件	参数类型	参数值
启动装置	储存容积	2L、4L
	充装压力（20℃）	6MPa
	工作电源	DC24V/1.5A
动力装置	储存容积	40L、70L
	充装压力（20℃）	15MPa
灭火剂储罐	储液罐最大工作压力	经设计计算确定
	灭火剂预混液充装量	经设计计算确定
	灭火剂类别	S—合成型泡沫液（预混型）
		AFFF/AR—水成膜泡沫液（预混型）

例：PWZ1.0/1200S 表示使用合成泡沫灭火剂、储液罐最大工作压力为 1.0MPa、灭火剂预混液的充装量为 1200L 的泡沫喷雾灭火装置。

2. 泡沫泵、消防水泵、稳压泵

泡沫泵、消防水泵、稳压泵都属于工程用消防泵，其型号以 XB 开头，泡沫泵的用途特征代号为 P，消防水泵的用途特征代号为 G，稳压泵的用途特征代号为 W。具体型号编制方式及主要参数见第二章第二节，此处不再赘述。

3. 泡沫比例混合器

泡沫比例混合器可以按照预先设定的比值对水和泡沫液进行混合，最终输出用于灭火的泡沫混合液。对于电力场所来说，常用的泡沫比例混合器为平衡式泡沫比例混合器，如图 3-5 所示。

图 3-5　平衡式泡沫比例混合器

泡沫比例混合器型号的编制方法如下：

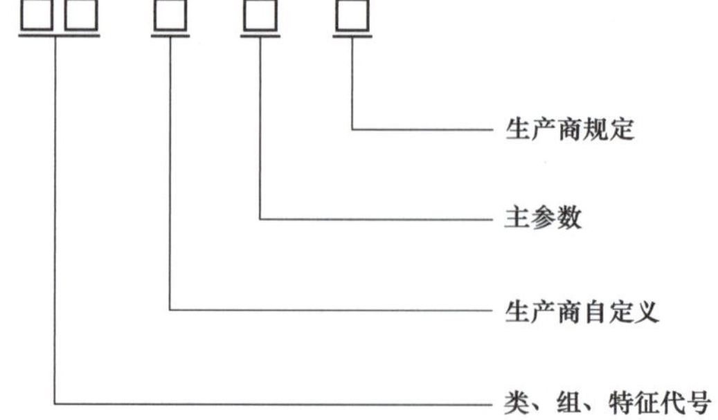

注　型号中的参数值可为主参数的 10 倍。

泡沫比例混合器主要参数如表 3-2 所示。

表 3-2　　泡沫比例混合器主要参数表

参数类型	参数
类、组、特征代号	PHYM □ / □—压力式比例混合器
	PH—环泵式比例混合器
	PHF—管线式比例混合器
	PHP—平衡式比例混合器
主参数	混合液流量（L/s）
	压力罐容积（m^3，适用于压力式比例混合器）

例：PHYM32/55 表示压力式比例混合装置，混合液流量为 32L/s，储罐为隔膜式，容积为 $5.5m^3$。

4. 雨淋报警阀组

雨淋阀有关内容详见第二章第四节有关内容。雨淋报警阀组外观如图 3-6 所示。

图 3-6　雨淋报警阀组

雨淋报警阀型号的编制方法如下：

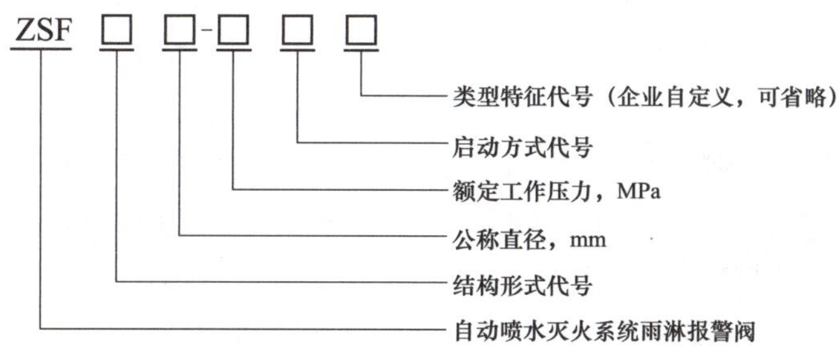

雨淋报警阀主要参数如表 3–3 所示。

表 3–3　　雨淋报警阀主要参数表

参数类型	参数值
结构形式	G—推杆型
	M—隔膜型
	S—活塞型
	D—蝶阀型
	W—温感型
公称直径（mm）	25、32、40、50、65、80、100、125、150、200、250、300
额定工作压力（MPa）	≥ 1.2
启动方式	加压式—J；减压式代号省略

例 1：ZSFG 100–1.2 C1 表示 C1 型、减压式启动、额定工作压力 1.2MPa、公称直径 100 mm、推杆型雨淋报警阀。

例 2：ZFSF 150–1.6 JXSW 表示 XSW 型、加压式启动、额定工作压力 1.6MPa、公称直径 150 mm、活塞型雨淋报警阀。

第二节　泡沫喷雾灭火系统的操作方法

一、准工作状态

在正常情况下，泡沫喷雾灭火系统处于准工作状态，此时：

（1）火灾探测器持续监测各保护对象的火灾特征参数。

（2）火灾报警控制器应置于自动模式，无故障显示。

（3）各灭火设备控制箱应处于正常工作状态，无故障显示。

（4）各个控制单元置于何种控制模式，应根据各变电站的实际情况及风险水平，由用户综合评估确定。无人值守站的各个灭火控制单元，均应置于自动控制模式。

（5）无人值守站火灾报警控制器和灭火控制器的运行状况，应能够在远端控制中心的报警主机上全部显示。

（6）对于瓶组式（预混）泡沫喷雾灭火系统，各类气瓶、储罐储存装置均应处于封闭状态。通过压力表，可以分别监测动力气体和启动气体的泄漏情况。通过液位计或检修口，可以检查泡沫混合液的泄漏情况。

（7）对于泵组式（现混）泡沫喷雾灭火系统，消防泵组的主、备泵及稳压泵组的主、备泵进水口应与水箱水源相连通，稳压泵使稳压泵组及消防泵组出口至泡沫雨淋阀组入口之间的管道中充满有压水；泡沫泵组的主、备泵的进液口与充满泡沫液的泡沫罐相连接，泡沫泵使泡沫泵组出口至泡沫雨淋阀组的泡沫液电磁阀之间管道上充满有压泡沫液。通过液位计，可以检查泡沫液、消防水源的泄漏情况。

二、系统在火险状况下的运行与操作

（一）火险的发现与处置

当任意一只探测器探测到火险信息时，都会将信号发送至火灾报警控制器。在自动状态下，火灾报警控制器立即做出如下反应，无需人为操作：

（1）在显示屏上显示发现火险的探测器所在的防护区名称、火险类型和探测器地址码等信息。

（2）面板上的火警信号灯和蜂鸣器发出报警声光。

（3）启动报警区域内的声光警报器，发出火灾警报。

（4）在无人值守站，报警信号通过信号线将火险信息上传至位于远端控制中心的火灾报警控制器，并在火灾报警控制器上显示同样的信息和警报。

值班人员在接到报警信息后，应立刻直达现场或通过视频监控系统，对现场情况进行确认。如果确认火情，需要启动灭火系统，应首先保证变压器两侧断路器分闸完成；然后，按照灭火控制程序启动泡沫喷雾灭火系统。

（二）自动灭火

当同一个保护对象的两个不同类型的火灾探测器，或两个相同类型的独立探测器同时发出报警信号时，两路报警信号形成“与”逻辑，系统按照事先设置的控制程序执行如下联动控制，不需要人为操作：

（1）向与该对象灭火相关的设备（变压器两侧断路器等）发出联动指令，使其断电。

（2）向对应该保护对象的灭火控制单元发出灭火启动指令。

（3）向火灾报警控制器发出信号。

由于瓶组式（预混）泡沫喷雾灭火系统与泵组式（现混）泡沫喷雾灭火系统的组成与工作原理都不尽相同，火灾报警控制器发出的灭火启动指令也有所不同，具体说明如下。

1. 瓶组式（预混）泡沫喷雾灭火系统

对于瓶组式（预混）泡沫喷雾灭火系统，在确认系统断电后，火灾报警控制器自动开启启动瓶电磁阀和发生火灾的防护区对应的电磁控制阀（分区控制阀）。启动瓶内的气体在压力驱动下，开启动力瓶组瓶头阀门，储存在动力瓶组中的高压气体通过集流管进入泡沫混合液储罐，挤压罐内的泡沫混合液。泡沫混合液在压力作用下，经过电磁控制阀（分区控制阀）流入起火防护区的管道中，通过喷头喷出，完成灭火过程。

2. 泵组式（现混）泡沫喷雾灭火系统

对于泵组式（现混）泡沫喷雾灭火系统，在确认变压器断电后，火灾报警控制器自动开启起火变压器对应的雨淋阀组电磁阀和泡沫液控制电磁阀。雨淋阀组电磁阀开启后，压力开关动作，连锁启动消防水泵及泡沫液泵。消防水和泡沫液流入泡沫比例混合器，从混合器的出口输出泡沫混合液，泡沫混合液经管道输送到安装在起火变压器周围的泡沫喷头，通过泡沫喷头喷出，完成灭火过程。

需要注意的是，自动灭火只是泡沫喷雾灭火系统扑救火灾的必要方式之一。鉴于变压器的火灾特征，一般情况下感温电缆探测器的动作都会比火焰探测器早，因此在有人员值守的情况下，工作人员首先应该立足于在刚发现火险时的人工排查和简易扑救，以及在需要时优先以手动方式实施灭火，不能认为处于自动控制状态而无所作为，延误最佳扑救时机。

（三）手动灭火

此处所说的手动灭火是指通过人工按动按钮的方式来启动灭火系统实施灭火。由于手动灭火是由人来实施的，所以，它比自动灭火更加积极主动和随心所欲。即使是在火灾报警装置还没有察觉的情况下，只要人感知到了火险，并且认为必须启用灭火系统，都可以通过手动方式实施灭火。

1. 瓶组式（预混）泡沫喷雾灭火系统

瓶组式（预混）泡沫喷雾灭火系统多线控制盘如图 3–7 所示，其操作步骤如下：

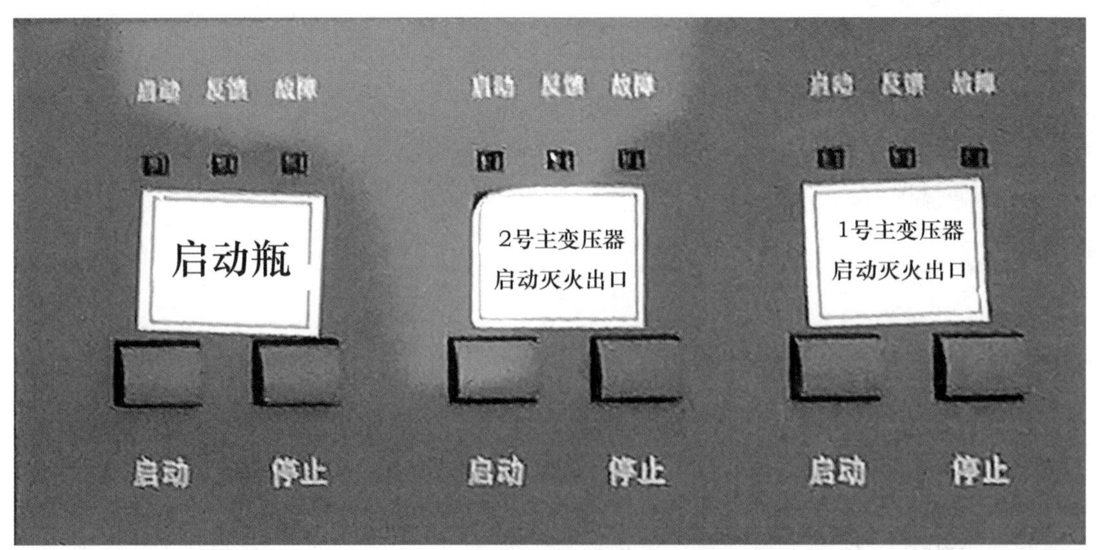

图 3–7　瓶组式（预混）泡沫喷雾灭火系统多线控制盘

（1）确认起火变压器两侧断路器确在断开位置。

（2）按下火灾报警控制器“手动 / 自动”切换按钮，将火灾报警控制器转换为手动状态。

（3）按下火灾报警控制器多线控制盘上启动瓶对应的“启动”键。

（4）稍等片刻，“反馈”灯亮起，表示启动气瓶的电磁阀已开启。

（5）延时约 20s（具体时长可参考泡沫喷雾灭火装置配套说明书），按下火灾报警控制器多线控制盘上起火防护区电磁控制阀（分区控制阀）对应的“启动”键。

（6）稍等片刻，“反馈”灯亮起，表示起火防护区的电磁控制阀（分区控制阀）已开启。

（7）若不慎按错键位，应立即按下“停止”键，找到正确的键位重新操作。

2. 泵组式（现混）泡沫喷雾灭火系统

泵组式（现混）泡沫喷雾灭火系统多线控制盘如图 3–8 所示，其操作步骤如下：

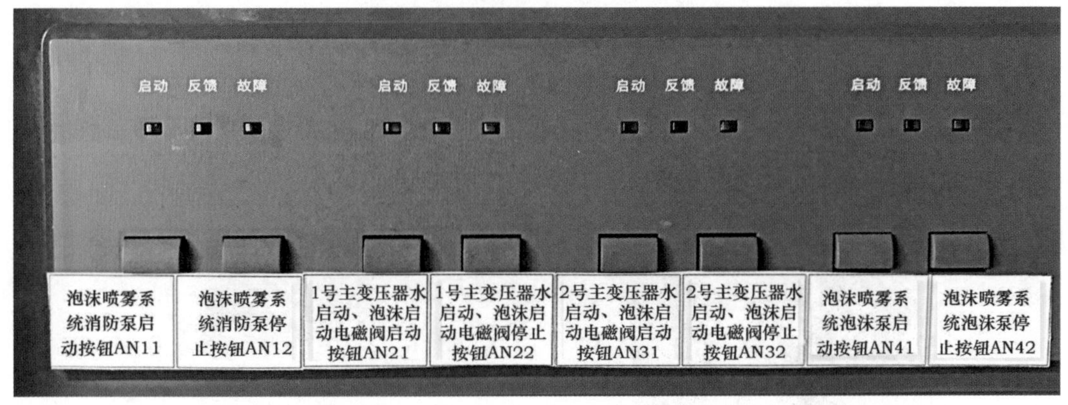

图 3–8 泵组式（现混）泡沫喷雾灭火系统多线控制盘

（1）确认起火变压器各侧开关确在断开位置。

（2）按下火灾报警控制器“手动 / 自动”切换按钮，将其切换至手动状态。

（3）确认起火变压器编号，按下火灾报警控制器多线控制盘上对应的水启动、泡沫启动电磁阀“启动”键。

（4）稍等片刻，“反馈”灯亮起，表示该电磁阀已开启。

（5）火灾报警控制器收到压力开关反馈信号后，消防水泵、泡沫泵应能够连锁启动，该动作不受火灾报警控制器手动、自动状态的影响。

（6）若泵组未能启动，按下需手动启动的泵组对应的“启动”键。

（7）稍等片刻，“反馈”灯亮起，表示该泵已启动。

（8）若不慎按错键位，应立即按下“停止”键，找到正确的键位重新操作。

需要注意的是，若水泵控制柜处于手动状态，需要通过按下水泵控制柜上的启动按钮来启动水泵。这种启动方式在第二章第二节“消防给水系统”中已经讲述过，此处不再赘述。

（四）机械应急启动灭火

当通过其他方式无法启动灭火系统时，可以通过机械应急方式，直接人工启动泡沫喷雾灭火系统。

1. 瓶组式（预混）泡沫喷雾灭火系统

（1）确认起火变压器两侧断路器分闸已经完成。

（2）拔掉启动装置电磁阀上的保险卡环。

（3）按下启动装置电磁阀上的按钮。启动装置上的电磁阀如图 3-9 所示。

（4）观察泡沫液储罐上的压力表，当压力表读数接近工作压力（通常为 0.5MPa）时，使用专业扳手（通常放置在电磁阀附近）旋开相对应保护区的电磁控制阀（分区控制阀），即可完成应急启动操作，如图 3-10 所示。

图 3-9　启动装置上的电磁阀

图 3-10　使用专业扳手旋开电磁控制阀

此外，若现场按下启动装置电磁阀上的铜按钮后，仍无法启动动力装置，还可通过以下操作，直接启动动力装置：

（1）拔掉动力装置瓶头阀上的保险卡环。动力装置瓶头阀如图 3-11 所示。

（2）向右推进刺膜手柄。

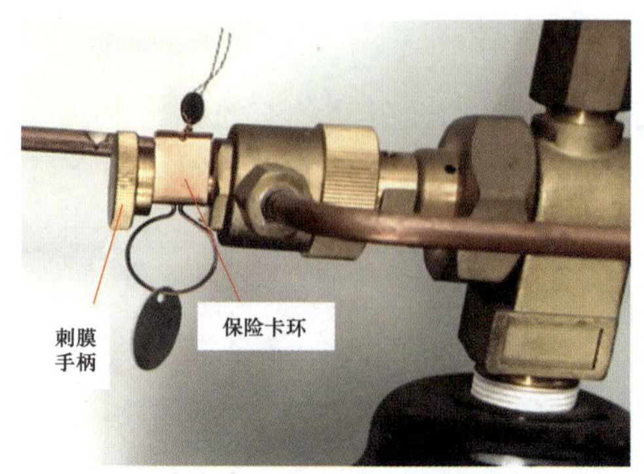

图 3-11　动力装置的瓶头阀

（3）阀内撞针刺破密封膜片，自动开启动力装置，释放氮气流入储液罐内。

（4）观察泡沫液储罐上的压力表，当压力表读数接近工作压力（通常为 0.5MPa）时，使用专业扳手（通常放置在电磁阀附近）旋开相对应保护区的电磁控制阀（分区控制阀），即可完成应急启动操作。

2. 泵组式（现混）泡沫喷雾灭火系统

（1）确认起火变压器双侧断路器已经断电。

（2）找到雨淋阀上的手动控制阀，将其旋转至与管路平行，说明阀门已经开启。雨淋阀上的手动控制阀如图 3–12 所示。

（3）找到比例混合器泡沫液入口处的泡沫液电磁控制阀，通过专用扳手旋开泡沫液电磁控制阀。泡沫液电磁控制阀如图 3–13 所示。

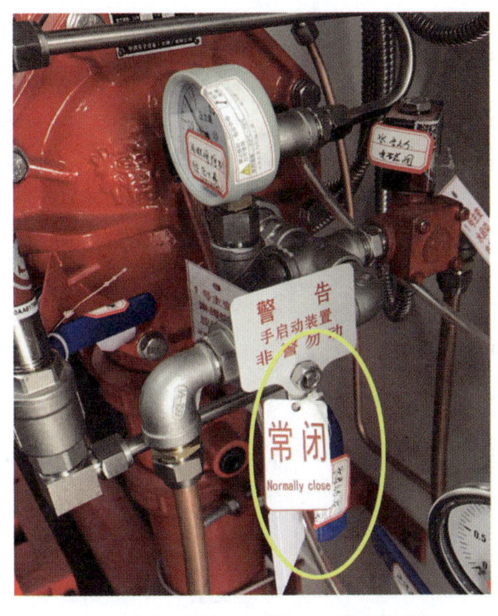

图 3–12　雨淋阀上的手动控制阀

图 3–13　泡沫液电磁控制阀

（4）观察消防水泵、泡沫泵是否正常启动，若未启动，将消防水泵、泡沫泵控制柜上的手自动状态旋钮旋转至“手动”侧，按下启动按钮，启动消防水泵和泡沫泵。

（五）停止与复位

在实施灭火喷放后，如火灾已被扑灭，不需要继续释放灭火剂时，火灾扑救完成后，工作人员需要手动停止泡沫喷雾灭火系统，并将系统恢复。

1. 瓶组式（预混）泡沫喷雾灭火系统

（1）使用专用扳手关闭对应保护区的电磁控制阀（分区控制阀），即可停止喷放。注意：此时储液罐仍处在增压状态，可随时再次喷放。

（2）按下“复位”键，对火灾报警控制器进行复位。

（3）开启泄放阀，释放储液罐内的增压气体。

（4）如果罐内灭火剂已使用完毕，应打开排液阀排放残余液体。

（5）按设计要求重新充装灭火剂。

（6）按要求拆下动力气瓶和启动气瓶，并重新充装动力气体和启动气体。

（7）重新安装动力源和启动源的气瓶和管路。

（8）将各阀门恢复至准工作状态。

2. 泵组式（现混）泡沫喷雾灭火系统

（1）确认灭火区域内的火灾已经被扑灭。

（2）按下“复位”键，对火灾报警控制器进行复位，此时雨淋阀组电磁阀和泡沫液控制电磁阀关闭。

（3）手动停止泡沫液泵，让消防水泵持续喷水 3min 后手动停止消防水泵，即可停止喷放。

（4）待灭火区域恢复正常后，操作人员打开雨淋阀手动复位球阀对雨淋阀进行复位。

（5）启动稳压水泵，压力水通过雨淋阀控制腔球阀进入控制腔并作用于雨淋阀上腔，使雨淋阀关闭。当供水侧压力表达和控制腔压力表读数不再上升时，不应再有水进入系统侧灭火管网。

（6）反复开启几次雨淋阀滴水检测阀，打开泡沫液检漏球阀和排水调试球阀，排放雨淋阀系统侧管网中的积水，排净后关闭各个阀门，恢复控制阀组至备用状态。

实施手动操作灭火时，容易发生，且需要特别注意的问题是：由于需要实施灭火的对象与对应操作的装置处在不同的位置，如果错误地识别对象名称或编号，或者到达灭火设备间后错误识别和操作了电磁控制阀（分区控制阀）、雨淋阀组控制阀，则会使灭火剂喷向其他防护区，导致灭火失败甚至其他严重后果。为此，要求工作人员应十分熟悉泡沫喷雾灭火系统，熟悉各个保护对象及设备间的位置，掌握它们之间的相互关系，并应在关键部位设有正确而醒目的指引标识。

第三节　泡沫喷雾灭火系统巡查检查方法

一、瓶组式（预混）泡沫喷雾灭火系统

1. 泡沫喷雾灭火装置

（1）外观检查。对储液罐、电磁控制阀（分区控制阀）、配套部件（控制阀、压力表、安全阀）、管网、启动装置、动力装置等系统部件进行外观检查，系统部件应无碰撞变形及其他机械性损伤，表面应无锈蚀，保护涂层应完好；所有管路应连接完好、无松脱；铭牌应清晰；手动操作装置的铅封、安全标志和保险卡环应完整。泡沫喷雾灭火装置外观如图 3-14 所示。

图 3-14　泡沫喷雾灭火装置外观

（2）对启动装置和动力装置的气瓶压力进行检查，压力表应指向绿区。在多数情况下，启动装置的压力不应低于 4MPa，动力装置的压力不应低于 8MPa。气瓶压力表如图 3-15 所示。

（3）查看泡沫混合液储罐上的灭火剂信息铭牌，泡沫混合液应在有效期之内，若已超过铭牌标示的下次更换日期，应尽快对泡沫混合液进行更换。灭火剂信息铭牌如图 3-16 所示。

图 3-15　气瓶压力表

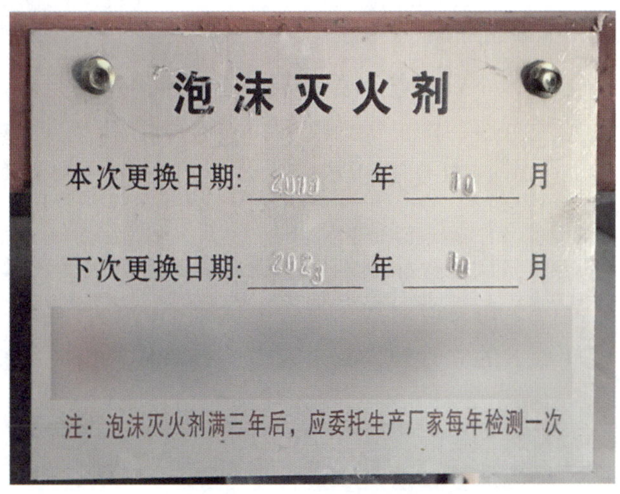

图 3-16　灭火剂信息铭牌

（4）泡沫混合液储罐处的电磁控制阀（分区控制阀）应处于关闭状态，指针指向

“SHUT”标识，如图 3–17 所示。

图 3–17　电磁阀控制指针指向“SHUT”标识

（5）泡沫喷雾灭火装置的储存房间应远离热辐射和其他危险源，室内环境温度为 0~50℃，且应保持干燥、通风良好。环境中不得含有易爆、导电尘埃及腐蚀部件的有害物质，否则必须予以保护，泡沫喷雾灭火装置不得受到震动和冲击。

（6）进行过灭火操作后，应更换所有钢瓶瓶口先导阀上的膜片，对其进行充气复位，并对泡沫混合液进行重新罐装，将各阀门恢复至准工作状态。

2. 喷头及管网附件

（1）外观检查。喷头应安装牢固，外观完好，无松脱和明显机械损伤。

（2）逐一检查每个喷头，应无异物附着，不被堵塞，发现异物时应及时清除。

（3）管道及附件不应有损伤，其连接处应密封良好，管道上的阀门开启状态应正确。

（4）管道应涂刷红色油漆，发现油漆脱落、斑驳时应及时补涂。

（5）每月应对泡沫混合液储罐上的立管进行一次清洁，清除立管上的锈渣。除泡沫液储罐上的立管外，其余管道应每半年进行一次全部冲洗，清除锈渣。

二、泵组式（现混）泡沫喷雾灭火系统

1. 泡沫泵、消防水泵、稳压泵

（1）外观检查。消防泵、泡沫泵、稳压泵应外观良好，处于自动工作状态，主、备电源正常接通。

（2）功能检查。消防水泵的巡查检查方法参考第二章第二节消防给水的相关内容。

泡沫泵与消防水泵同属于工程用消防泵，其启动方式基本相同，可参考消防水泵的相关内容。稳压泵的巡查检查方法参考第二章第二节消防给水的相关内容。此处不再赘述。

2. 泡沫液储罐、消防储水箱

泡沫喷雾灭火系统消防水箱外观如图 3–18 所示。

图 3–18　泡沫喷雾灭火系统消防水箱

（1）外观检查。对泡沫液储罐、消防储水箱进行外观检查，应无碰撞变形及其他机械性损伤，表面应无锈蚀。

（2）通过玻璃水位计或电子液位计观察消防储水箱中的消防水源，水位应处于正常状态，消防水箱玻璃水位计两端的角阀在不进行水位观察时应关闭。

（3）通过电子液位计或检修口查看泡沫液储罐中的泡沫液容量，其液位应在设计值之上。

（4）寒冷季节应检查泡沫液储罐和消防储水箱是否有结冰现象，任何部位均不得结冰，否则应采取升温或保温措施。

3. 雨淋阀组

（1）外观检查。对雨淋阀组进行外观检查，设备及各部件应无碰撞变形及其他机械性损伤，表面应无锈蚀，保护涂层应完好，所有管路应连接完好、无松脱，铭牌应清晰。

（2）检查电磁阀并进行启动试验，动作失常时应及时更换。

（3）检查手动控制阀门的铅封、锁链，所有手动控制阀门均应采用铅封或锁链固定在开启或规定的状态。

（4）对雨淋报警阀旁的放水试验阀进行一次放水试验，检查系统启动、报警功能以及出水情况是否正常。

4. 泡沫比例混合器

外观检查。对泡沫比例混合器进行外观检查，设备及各部件应无碰撞变形及其他机械性损伤，表面应无锈蚀，保护涂层应完好，所有管路应连接完好、无松脱，铭牌应清晰。

5. 喷头及管网附件

（1）外观检查。喷头应安装牢固，外观完好，无松脱和明显机械损伤。

（2）逐一检查每个喷头，应无异物附着，不被堵塞，发现异物时应及时清除。

（3）管网附件及其连接处应牢固，管道应涂刷红色油漆，发现油漆脱落、斑驳时应及时补涂。

瓶组式（预混）泡沫喷雾灭火系统周期性检查维护表如表 3–4 所示，泵组式（现混）泡沫喷雾灭火系统周期性检查维护表如表 3–5 所示。

表 3–4　瓶组式（预混）泡沫喷雾灭火系统周期性检查维护表

维护周期	内容
每月	1）检查和清除喷头异物
	2）泡沫液储罐外观情况
	3）压力表、管道及附件外观情况
	4）储罐泡沫混合液立管除渣
	5）启动装置、动力装置外观情况
	6）启动装置、动力装置压力情况
	7）电气设备工作状况
每半年	管道清洗除渣
每两年	1）全面检查系统所有组件、设施、管道及管件
	2）泡沫泵、泡沫液管道、泡沫混合液管道清洗

表 3–5　泵组式（现混）泡沫喷雾灭火系统周期性检查维护表

维护周期	内容
每日	1）水源控制阀外观情况
	2）雨淋阀组外观情况
	3）寒冷季节检查储水设施结冰情况

续表

维护周期	内容
每周	1）消防水泵启动试验
	2）泡沫泵启动试验
	3）稳压泵启动试验
每月	1）泡沫比例混合器外观情况
	2）泡沫液储罐外观情况
	3）压力表、管道及附件外观情况
	4）电气设备工作状况
	5）消防储水设备及水位情况
	6）电磁阀启动试验
	7）阀门开启状态，铅封、锁链固定情况
每季	雨淋阀放水试验
每半年	管道清洗除渣
每两年	1）全面检查系统所有组件、设施、管道及管件
	2）泡沫泵、泡沫液管道、泡沫混合液管道、泡沫比例混合器清洗

第四节 泡沫喷雾灭火系统故障及处理

一、电磁阀

电磁阀的常见故障及处理方法如表 3–6 所示。

表 3–6 电磁阀的常见故障及处理方法

故障表现	故障原因分析	故障处理
电磁阀不动作	电源接线接触不良	压紧电源接线
	超出电源电压允许范围	调整电压至允许范围内
	磁芯和电磁管之间混入杂质	清洗内件
	线圈烧毁或短路	更换线圈

续表

故障表现	故障原因分析	故障处理
电磁阀关闭不严，有渗漏	阀座损伤	清洗，研磨或更换阀座
	膜片损坏	更换膜片
	膜片附粘物	清洗内件
	磁芯运动受阻	更换电磁管

二、启动装置、动力装置

启动装置、动力装置的常见故障及处理方法如表 3–7 所示。

表 3–7　　启动装置、动力装置的常见故障及处理方法

故障表现	故障原因分析	故障处理
气瓶压力显示降低	阀门未关闭到位，有气体逸出	对阀门进行检查，确保关闭严密
	气瓶接头处密封不严	可通过涂刷肥皂水等方法检查气瓶各个接头部位是否存在发泡，发现漏气处重新进行紧固
	气体喷放后未重新充装或充装不合格	重新充装气瓶
	气瓶间温度下降	由温度引起的压降往往幅度较低，若压力表指针仍在绿区，则该压力的变化是允许的

三、雨淋阀组

雨淋阀组的常见故障及处理方法如表 3–8 所示。

表 3–8　　雨淋阀组的常见故障及处理方法

故障表现	故障原因分析	故障处理
雨淋阀不动作	控制管路阻塞	清洗控制管路管件及阀门
	泄压系统（电磁阀）故障	按电磁阀不动作的情况处理
雨淋阀关闭不严，有渗漏	控制管路阻塞	清洗控制管路管件及阀门
	泄压系统（电磁阀）关闭不严	按电磁阀关闭不严的情况处理
	阀座与隔膜之间有异物	清除异物
	隔膜被异物损伤	更换隔膜

续表

故障表现	故障原因分析	故障处理
雨淋阀不能复位	主阀处于开启状态	关闭主阀，打开手动复位球阀
	泄压系统（电磁阀）处于开启装状态	关闭电磁阀
	雨淋阀进水球阀处于关闭状态	手动开启进水球阀
	阀座与隔膜之间有异物	清除异物
	隔膜被异物损伤	更换隔膜
压力表不显示压力	压力表出现故障	更换压力表
	取压口阻塞	清洗取压口
压力开关不动作	压力开关故障	检修压力开关
	控制接线接触不良	压紧控制接线
	取压口阻塞	清洗取压口

四、管道、阀门等其他附件

管道、阀门等其他附件的常见故障及处理方法如表 3–9 所示。

表 3–9　　管道、阀门等其他附件的常见故障及处理方法

故障表现	故障原因分析	故障处理
阀组连接处有渗漏	连接件松动	拧紧连接件
	连接处密封件损坏	更换密封件
	螺纹连接处松动	螺纹件拆下重新上密封胶

第四章　气体灭火系统

气体灭火系统是以气体作为灭火介质对特定区域实施灭火作业的消防设施，正在灭火作业完成后对被保护对象没有二次污染，因此往往其承担对精密仪器、机房、档案室等区域实施自动灭火的职责。相较其他灭火系统，气体灭火系统的设备和灭火剂造价昂贵，系统工作压力很高，一些灭火气体还存在一定的毒性，因此，气体灭火系统在选型、设计、安装、使用等方面需要十分谨慎。

第一节　气体灭火系统的组成与主要设备

一、气体灭火系统的组成与工作原理

气体灭火系统是以气体作为灭火介质的消防设施，具有灭火速度快、效率高、无污染等优点。电力系统常用的物理类灭火气体有二氧化碳、IG541 混合气体和七氟丙烷。

气体灭火系统的主要组成单元有灭火剂储存装置、启动分配装置、输送释放装置、监控装置等。按照结构形式的不同，气体灭火系统可分为有固定管网式和无管网式（柜式）。

固定管网式气体灭火系统如图 4-1 所示，主要由灭火剂储瓶、启动气瓶、输送管道、喷嘴、声光警报器和气体灭火控制器组成。火灾发生初期，防护区内的感烟探测器发出烟雾报警信号，气体灭火控制器启动防护区内的声光警报器提示内部有火灾发生（对于无人员长期停留的防护区，此时还应联动关闭防护区内的通风空调系统以及除泄压口外的开口。对于有人员长期停留的防护区，该动作则在感温探测器被触发后进行）。随着火势的发展，防护区内温度逐渐升高，感温探测器被触发。在两路报警信号的叠加作用下，气体灭火控制器打开气体防护区入口的声光警报器，开始 30s 喷放延迟倒计时。这是因为气体灭火剂喷放后存在隔氧窒息作用，某些气体灭火剂还具有毒性，一旦防护区中有人，后果将不堪设想，因此，必须留出时间供人员疏散。延时结束后，气体灭火控制器点亮防护区入口的喷放指示灯，打开与防护区相对应的启动气瓶上的电磁阀，启动气瓶释放启动气体，启动气体打开灭火剂储瓶的瓶头阀，灭火剂经过输送管道喷放到所对应的防护区中。

此外，在每套灭火剂储存钢瓶、启动气体钢瓶、汇集与分配装置中的封闭管段上都安装有膜片式安全泄压阀。当出现压力超高达到危险值时，能够安全泄压。在启动管路上，还安装有低泄高封阀，当启动装置出现慢性泄漏时，低泄高封阀能够排放泄漏气

体，防止灭火子系统出现误动作。

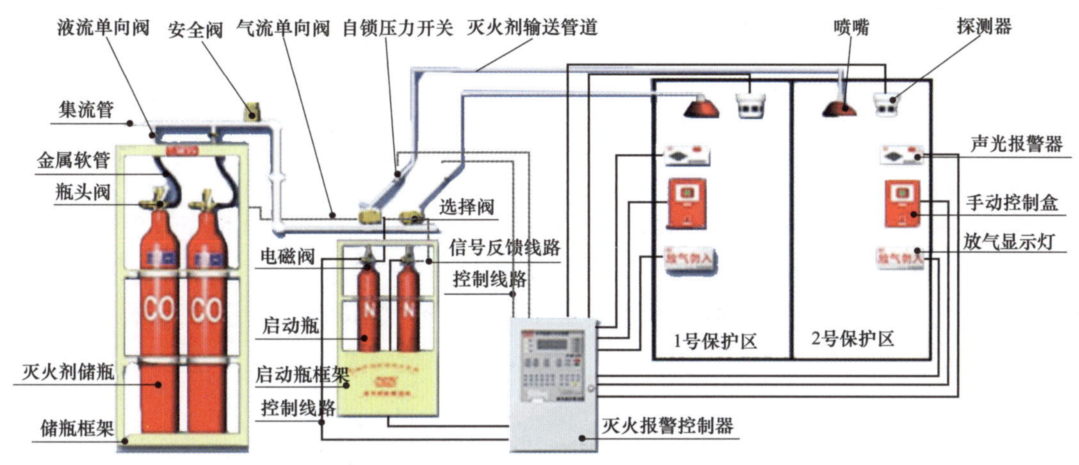

图 4–1　固定管网式气体灭火系统

无管网式气体灭火系统分为柜式和悬挂式，电力场所使用的基本上都为柜式。柜式气体灭火系统如图 4–2 所示，主要由柜体、灭火剂储瓶、连接软管、声光警报器和气体灭火控制器组成。无管网式（柜式）气体灭火系统的前期运行方式与固定管网式气体灭火系统基本相同，不同的是由于没有启动气瓶，30s 警报延迟后气体灭火控制器打开灭火剂储瓶上的电磁阀，再由电磁阀打开容器阀，释放灭火剂，灭火剂通过连接软管由安装在柜体上的喷头直接喷射到防护区中。

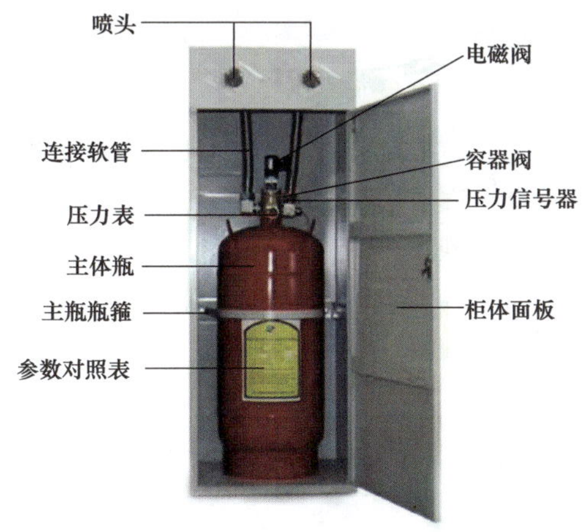

图 4–2　柜式气体灭火系统

二、主要设备与参数

（一）灭火剂及其储存装置

灭火剂及其储存装置包含灭火剂、推进气体、储存容器、容器阀、压力表和瓶组架等。每套灭火子系统独立地配备有自己的灭火剂及其储存装置，其数量主要根据该套系统所对应防护区的容积及输送距离经过设计计算确定。其主要作用是：在平时，将灭火剂及推进气体可靠地封存在瓶组中；在需要时，能够迅速地将灭火剂释放出去。

（二）汇集与分配装置

汇集与分配装置包含柔性连接管、灭火剂单向阀、集流管、选择阀、减压孔板、出管组件和固定支架等。

每套灭火系统独立地配备有自己的汇集与分配装置，其数量和规格主要根据该系统的灭火剂瓶组数量及该系统所对应的防护区的数量和容积大小来确定。其主要作用是：连接灭火剂瓶组与管网，在需要时能够将各个瓶组中释放出来的灭火剂汇集到一起，并分配到所需要的管网中。

（三）启动装置

启动装置包含启动气体及其储存容器、启动气体容器阀、压力表、电磁启动器、手动机械应急启动器、启动气体单向阀、启动气体管路和管接件等。

启动装置的配置数量与系统所对应的防护区的数量相同。启动装置是灭火子系统与控制子系统的接口，它能够在需要时把控制子系统发出的电动信号转化成机械动作和气动力，用以打开灭火剂瓶组和对应阀门。

（四）管网及喷嘴

管网及喷嘴部分包含了灭火剂输送管道、管道连接件、喷嘴、喷嘴罩等。

官网子系统针对每个防护区都配备有独立的管网和喷嘴，用于向防护区输送并喷洒灭火剂。各防护区管网和喷嘴的结构、规格、数量需要根据该防护区的容积、位置、距离等现场条件进行设计和计算确定。

（五）柜式气体灭火装置

柜式气体灭火装置应用于无管网气体灭火系统，具有安装灵活、便于移动等特点，适用于较小的、无特殊要求的防护区。

柜式气体灭火装置型号的编制方法如下：

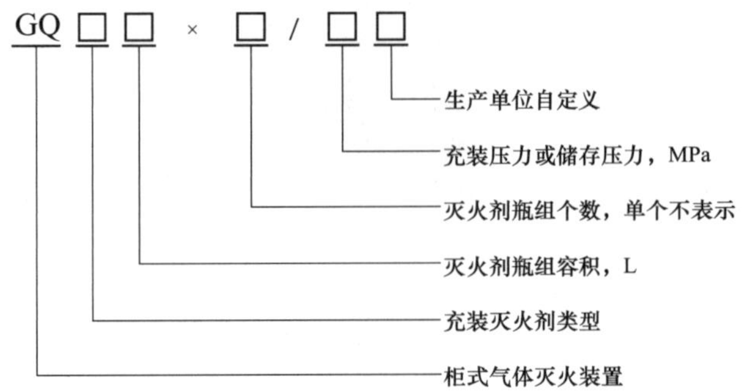

柜式气体灭火装置主要参数表如表 4–1 所示。

表 4–1　　柜式气体灭火装置主要参数表

参数类型	参数值
充装灭火剂类型	E—二氧化碳
	Q—七氟丙烷
	S—三氟甲烷
	D—氮气
	Y—氩气
瓶组容积（L）	40、70、90、100、120、150、180 等
瓶组个数	≤ 10，单个不表示
充装压力（MPa）	2.5、4.2、5.17、15 等

例：灭火装置型号 GQQ80 × 2/2.5 表示储存压力 2.5MPa、灭火剂瓶组 80L、灭火剂瓶组个数 2 只的柜式七氟丙烷灭火装置。

第二节　气体灭火系统的操作方法

本节对气体灭火系统的操作方法进行讲述。需要说明的是，每个生产商制造的气体灭火系统的结构和型式都是不一样的，因此，本节只做概述性描述，更详细的说明或解释需要阅读设备生产商以及系统集成商提供的有关产品操作说明书等资料，并应以它们的描述为准。

一、气体灭火控制器

各种品牌的气体灭火控制器虽然式样不同，但基本原理和操作方法相似。为使读者对气体灭火控制器的操作有更为具体的理解，此处选择某常见品牌的气体灭火控制器进行操作讲解。

（一）主面板

主面板是气体灭火控制室的主要操作面板之一，如图 4–3 所示。工作人员可以通过主面板观察系统运行状态，以及对控制器本身进行操作。主面板的常用操作有：

1. 信息查阅

（1）气体灭火控制器正常运行时，系统运行指示灯闪亮，显示屏显示“运行正常”字样，以及当前的日期和时间。

（2）气体灭火控制器接收到探测器传来的火警信息时，显示屏显示火警信息。第 1 行显示火警总数及首个火警信息，第 2、3 行显示当前报警信息。

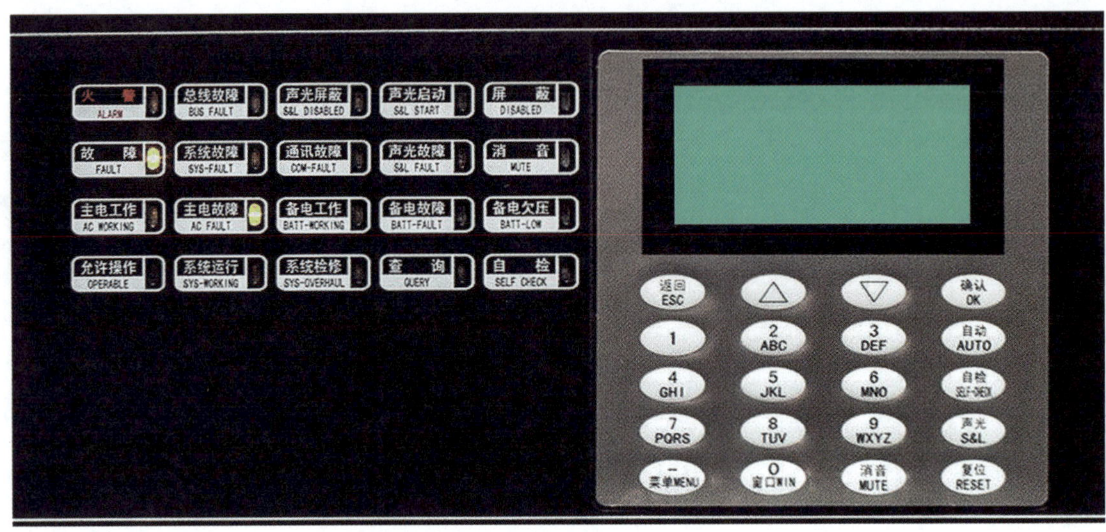

图 4-3　气体灭火控制器主面板

（3）当有多条火警显示信息时，可通过“↑”“↓”键翻看其他火警信息。

（4）当控制器同时具有报警、联动信息时，可按下“窗口”键切换显示窗口。

2. 手动 / 自动状态切换

按下“自动”键，可以切换手动 / 自动控制方式，设置各分区的控制状态。

3. 控制器自检

按下“自检”键，控制器将对面板上所有指示灯、扬声器进行检查，指示灯逐排点亮，扬声器发出各种报警声。自检结束后，控制器回到自检前的状态。

4. 消音操作

控制器报警时，扬声器发出报警声，按下“消音”键，控制器停止发出报警声。若接收到新的报警信号，扬声器将再次报警。

5. 系统复位

按下“复位”键，系统执行复位操作，消除所有火警和故障信息，内部继电器全部释放。

（二）区控面板

区控面板是对各防护区进行控制的面板，一组面板对应与一组防护区，如图 4–4 所示。在实际使用时，如系统中存在多个防护区，应在区控面板上进行标注。区控面板的常用操作有：

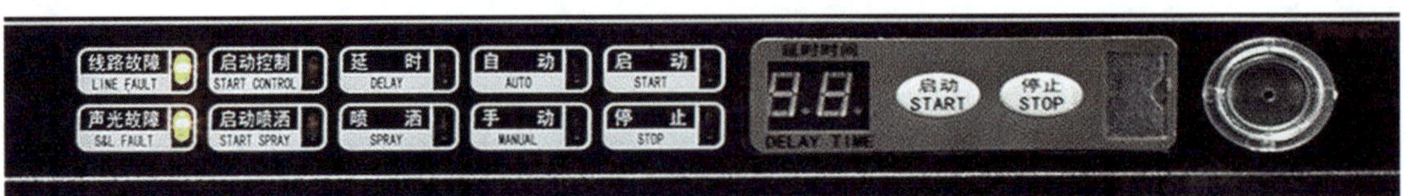

图 4–4　气体灭火控制器区控面板

1. 启动操作

（1）观察主面板指示灯，“允许操作”指示灯处于点亮状态。

（2）选择需要启动的防护区，按下对应区控面板上的“启动”键。

（3）该区域的声光报警器启动，进入延时状态。

（4）延时结束后，该区域放气阀开启，进行气体喷放。

2. 停止操作

（1）找到需要停止喷放的防护区对应的区控面板，确认其延时尚未结束。若延时已经结束，则无法再停止气体灭火系统。

（2）按下对应区控面板上的“停止”键。

（3）系统立即取消延时，设备不再动作。

二、手动启动、停止

气体灭火系统有两种手动启动方式，分别通过气体灭火控制器上的区控面板和安装在防护区附近的紧急启停按钮实现。

（一）气体灭火控制器区控面板

（1）确定需要启动气体灭火系统的防护区。

（2）按下气体灭火控制器区控面板上与其相对应的“启动”键，气体灭火控制器开始 30s 延时倒计时。

（3）倒计时结束前，按下对应的“停止”键，气体灭火控制器停止倒计时，中止启动程序。

（4）倒计时结束后，气体灭火控制器开启相应电磁阀，气体开式喷放，该过程一旦开始便无法停止。

（二）紧急启停按钮

不同品牌、型号的紧急启停按钮各有不同，某种常见的气体灭火系统紧急启停按钮如图 4–5 所示。紧急启停按钮的操作方法如下：

（1）确定需要启动气体灭火系统的防护区，找到防护区附近的紧急启停按钮。

（2）击碎紧急启停按钮的玻璃面板，按下“按下喷洒”键，气体灭火控制器开式 30s 延时倒计时。

（3）倒计时结束前，按下“按下喷洒”键下方的“停止”键，气体灭火控制器将停止倒计时，中止启动程序。

（4）倒计时结束后，气体灭火控制器开启相应电磁阀，气体开式喷放，该过程一旦开始便无法停止。

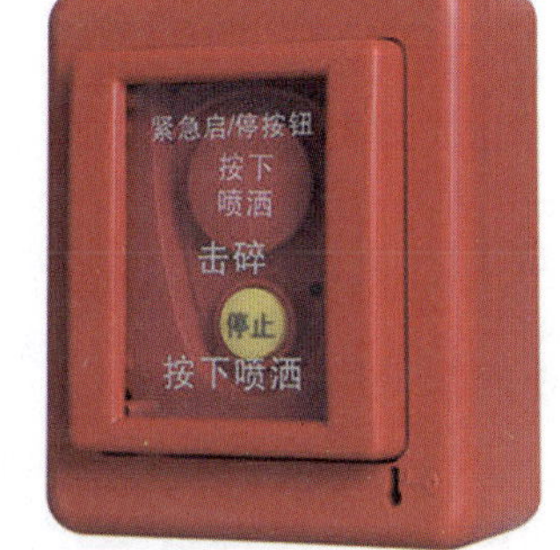

图 4–5　紧急启停按钮

三、机械应急启动

机械应急启动适用于有管网的气体灭火系统，其操作方式如下：

（1）首先，必须确认发生火险的气体防护区名称；

（2）确认该区域内人员已经安全撤离，房门已关闭；

（3）确认影响气体灭火效果的设备（如防火阀、通风空调系统等）已经关闭；

（4）立即赶到针对该防护区的灭火子系统设备所在的气瓶间；

（5）按照标示牌上的相同防护区名称，准确找到对应灭火区域的启动瓶；

（6）拉开该启动瓶上端铜手柄下的保险卡环；

（7）向下按动铜手柄；

（8）气体立即喷出，实行气体灭火。

上述机械启动方式只是针对某一类较常见的气体灭火系统的结构而言，不同结构型式的气体灭火系统，其机械启动方式可能是完全不同的，因此，应根据实际情况，在气瓶间内给出清晰明显的指示说明。

第三节　气体灭火系统巡查检查方法

一、气体灭火控制器

1. 外观检查

（1）气体灭火控制器工作状态正常，处于主电供电状态。

（2）气体灭火控制器指示灯、显示屏、按钮、标签完好无损。

（3）盘面紧急启动按钮保护措施牢固有效。

（4）系统处在通常设定的安全工作状态（自动或手动），钥匙、开关等处于正常位置。

2. 功能检查

（1）采用发烟枪或发热装置对一个探测器发出模拟火险信息，直至探测器巡检指示灯应由闪亮变为常亮。

（2）气体灭火控制器应发出报警声，气体灭火控制器和火灾报警控制器显示屏上应显示该探测器发出的报警信号，以及其所在的防护区和地址信息。

（3）对应防护区外的火灾警报装置应发出警报。

3. 气体灭火控制器自检

气体灭火控制器本身具有自检功能，操作方法如下：

（1）按下主面板上的“自检”键，气体灭火控制器“自检”指示灯亮起。

（2）控制器对面板上所有指示灯、扬声器进行检查，指示灯逐排点亮，扬声器发出各种报警声。

（3）自检结束后，控制器回到自检前的状态。

二、气体储存装置

1. 预制灭火系统

（1）柜体及内部组件应安装牢固，完好无损。

（2）压力表指针应指向绿区。

2. 低压二氧化碳系统

（1）储存装置的运行情况应处于正常工作状态。

（2）查看储存装置的液位计，灭火剂损失 10% 时应及时补充。

3. 高压二氧化碳灭火系统、七氟丙烷管网灭火系统、IG541 灭火系统

（1）灭火剂储存容器、启动气体储存容器及容器阀、选择阀、阀驱动装置等系统组件应无碰撞变形及其他机械性损伤，表面应无锈蚀，保护涂层应完好。

（2）瓶体及组件铭牌和标志牌应清晰。

（3）手动操作装置的防护罩、铅封和安全标志应完整。

（4）查看灭火剂和驱动气体储存容器内的压力，不得小于设计储存压力的 90%。

（5）对高压二氧化碳储存容器进行称重检查，灭火剂净重不得小于设计储存量的 90%。

4. 瓶体、阀门

（1）检查灭火剂瓶组与管道、组件的连接情况，确认从瓶组开始，直到出管组件之间各个部件保持稳固可靠，防腐处理完好，无锈蚀现象。

（2）检查启动管路与各零部件之间的连接情况，确认系统启动管路本身及其与各零部件之间的连接保持稳固。

（3）检查灭火剂瓶组容器阀，阀体上手动机械操作手柄的安全插销应安插牢固，铅封应完好。

（4）检查各选择阀，所有选择阀应处于关闭锁紧状态，手动机械操作手柄应安插牢固。

（5）检查启动气体瓶组，电磁启动器上的手动应急操作手柄的安全保险卡环应在位，铅封应完好。

（6）检查电磁启动器与启动气体容器阀之间的保险插销，该插销应处于拔出状态。

（7）气体钢瓶属于压力容器，应根据国家、行业或企业的标准要求，定期对各个灭火剂瓶组和启动瓶组进行检测和鉴定，确保其处于安全状态。通常来说，七氟丙烷、二氧化碳、IG541 等气体灭火系统钢瓶应每 3 年检测一次，氮气瓶应每 5 年检测一次。

三、储瓶间、防护区

（1）可燃物的种类、分布情况应与设计文件保持一致。

（2）防护区的围护结构应密封良好，开口情况应符合设计规定，无私自新增的门、

窗、洞口。

（3）防护区的结构、面积及容积应与设计图纸相符。

（4）防护区泄压口应保持完好，不被其他物品封堵。

（5）防护区内的疏散通道和疏散出口不应被阻碍或锁闭。

（6）检查气瓶间的应急照明、消防电话、排风装置，应外观完好、功能正常。

（7）气瓶间内的操作通道应保持通畅。

（8）气瓶间内不应存在其他影响气瓶安全、系统正常运行和应急操作的因素。

四、管道、喷嘴及相关系统组件

（1）逐一检查各防护区管网的固定支架是否保持完好稳固，以及管道在支架上的固定是否保持稳固。

（2）逐一检查各防护区主管道与选择阀和出管组件之间的连接，以及防护区内各喷嘴的连接是否保持完好与稳固。

（3）连接软管应无变形、裂纹及老化，必要时送法定质量检验机构进行检测或更换。

（4）检查灭火剂输送管道，应无损伤、堵塞现象，一旦发现，应由专业维修人员按相关规范规定的管道强度试验和气密性试验方法进行严密性试验和吹扫。

（5）检查各喷嘴孔口，应无堵塞、锈蚀、残缺等现象。

气体灭火系统维护周期及检查内容如表 4–3 所示。

表 4–3　气体灭火系统维护周期及检查内容

维护周期	检查内容
每日	1）气体灭火控制器工作状态与外观情况
	2）低压二氧化碳储存装置的运行情况
	3）低压二氧化碳储存装置间的设备状态
每月	1）预制灭火系统的设备状态和运行状况应正常
	2）低压二氧化碳灭火系统储存装置的液位计检查
	3）高压二氧化碳灭火系统系统组件外观检查
	4）高压二氧化碳灭火系统灭火剂和驱动气体储存容器压力检查
	5）IG541 灭火系统组件外观检查
	6）IG541 灭火系统灭火剂和驱动气体储存容器压力检查
	7）七氟丙烷管网灭火系统组件外观检查
	8）七氟丙烷管网灭火系统灭火剂和驱动气体储存容器压力检查

续表

维护周期	检查内容
每季	1）防护区内可燃物的种类、分布情况
	2）防护区的开口情况
	3）储存装置间的设备、灭火剂输送管道和支架、吊架的固定情况
	4）连接管外观情况
	5）喷嘴孔口堵塞情况
	6）高压二氧化碳储存容器称重检查
	7）灭火剂输送管道损伤与堵塞情况
每年	1）模拟启动试验
	2）模拟喷气试验
安装5年后	对金属软管（连接管）、释放过灭火剂的储瓶、相关阀门进行水压强度试验和气密性试验

注　模拟启动和模拟喷气应由专业人员进行，不可自行试验。

第四节　气体灭火系统的故障及处理

一、气瓶

气瓶的常见故障及处理方法如表4–4所示。

表4–4　气瓶的常见故障及处理方法

故障	可能的故障原因	故障处理方法
灭火剂储瓶、启动气瓶压力显示降低	阀门未关闭到位，有气体逸出	对阀门进行检查，确保关闭严密
	气瓶接头处密封不严	可通过涂刷肥皂水等方法检查气瓶各个接头的部位是否存在发泡现象，发现漏气应重新进行紧固
	气体喷放后未重新充装或充装不合格	重新充装气瓶
	气瓶间温度下降	由温度引起的压降往往幅度较低，若压力表指针仍在绿区，则该压力的变化是允许的

续表

故障	可能的故障原因	故障处理方法
启动瓶电磁阀无法开启	电源接线接触不良	压紧电源接线
	超出电源电压允许范围	调整电压至允许范围内
	磁芯和电磁管之间混入杂质	清洗内件
	线圈烧毁或短路	更换线圈
灭火剂储瓶瓶头阀不能开启	启动瓶电磁阀未能开启	参考启动瓶电磁阀不动作的情况处理
	启动瓶内压力不足	参考压力显示降低的情况处理
	启动瓶至灭火剂储瓶瓶头阀的管路出现泄漏、堵塞等现象	对该段管路进行排查检修，发现泄漏则进行紧固或更换，发现堵塞则进行疏通
	启动瓶或灭火剂储瓶瓶头安全插销未拔出	拔出瓶头阀上的安全插销

二、防护区

防护区的常见故障及处理方法如表 4–5 所示。

表 4–5　　防护区的常见故障及处理方法

故障	可能的故障原因	故障处理方法
防护区撤销后没未隔离气体灭火系统或隔离方法不正确	用普通的水管堵头对气体管网进行封堵	使用专用器件封堵，否则一旦气体释放则有可能导致堵头高速飞出引起误伤
	气体灭火系统未完全拆除	拆除针对该防护区的选择阀出口的第一节管道，在选择阀出口增加与选择阀压力等级相同的盲板，或拆除选择阀，封堵集流管上对应的出口；拆除对应该选择阀的启动装置及其启动管路
防护区围护结构不符合要求	使用普通玻璃作为气体防护区的围护结构材料	将普通玻璃更换为防火玻璃，或其他耐火极限不低于 0.5h 的材料
	防护区未设置泄压口	在气体防护区内增设泄压口，具体泄压口的形式可根据实际情况与专业单位研究决定

三、气体灭火控制器

气体灭火控制器的常见故障及处理方法如表 4–6 所示。

表 4–6　　气体灭火控制器的常见故障及处理方法

故障	可能的故障原因	故障处理方法
气体灭火控制器收到报警信号后，声光警报器不动作	在联动设置中没有设置警铃或声光警报器的相关联动输出	在逻辑编程中增加相应的联动关系
	声光警报器模块编码不正确	重新对模块进行编码
	气体灭火控制器上存在被联动声光警报器的故障信息	更换损坏的声光报警器，检修声光报警器接线情况
	直流 24V 电源未连通到相应的声光警报器	对 24V 电源线进行检修，确保其接通至声光警报器
气体灭火控制器接收到两路报警信号后，相应防护区的电磁阀未动作	联动逻辑未编写或编写有误	检查联动逻辑，及时增加缺少的联动逻辑，修正编写错误之处
	电磁阀模块编码不正确	重新对模块进行编码
	气体报警控制器至电磁阀的线路受损	对该段线路进行排查和修复，确保连接牢固
	与电磁阀相连的模块损坏	更换受损的模块

第五章　防排烟系统

防排烟系统是防烟系统和排烟系统的总称。防烟系统通常设置在防烟楼梯间、前室、避难层等部位，这些区域是人员疏散的重要途径，防烟系统通过送风机将室外新鲜空气送入建筑内部，使烟气无法蔓延至这些区域，保证人员疏散时的生命安全。排烟系统通常设置在房间、走道、中庭及回廊等容易发生燃烧、积聚烟气的区域，通过排烟风机将高温烟气抽离建筑内部，起到延缓灾情蔓延、促进疏散和救援活动顺利开展的作用。

第一节　电力场所防排烟系统组成与主要设备

一、防烟系统的组成与主要设备

防烟系统分为自然通风和机械加压送风系统。

自然通风指的是利用自然风压、空气温差、空气密度差等对室内区域进行通风输气的方式。自然通风系统是依靠室外风力造成的风压和室内外空气温度差造成的热压，促使空气流动，使得建筑室内外空气进行交换。自然通风方式如图 5-1 所示。

(a) 独立前室可开启外窗面积不应小于2m²，合用前室不应小于3m²

(b) 楼梯间每五层内可开启外窗的面积之和不应小于2m²

图 5-1　自然通风方式

机械加压送风系统一般由加压送风机、送风管道、送风口（阀）、防火阀以及风机控制柜等组成。火灾发生时，送风口开启，排烟风机通过送风管道将室外的新鲜空气送入建筑内部的防烟楼梯间、前室、避难层等部位，并使这些部位相对其他区域保持正压，使疏散通道和封闭的避难场保持一定的正压，防止疏散通道和避难场所免受火灾烟气的侵袭，以保证人员的疏散安全。机械加压送风系统如图 5-2 所示。

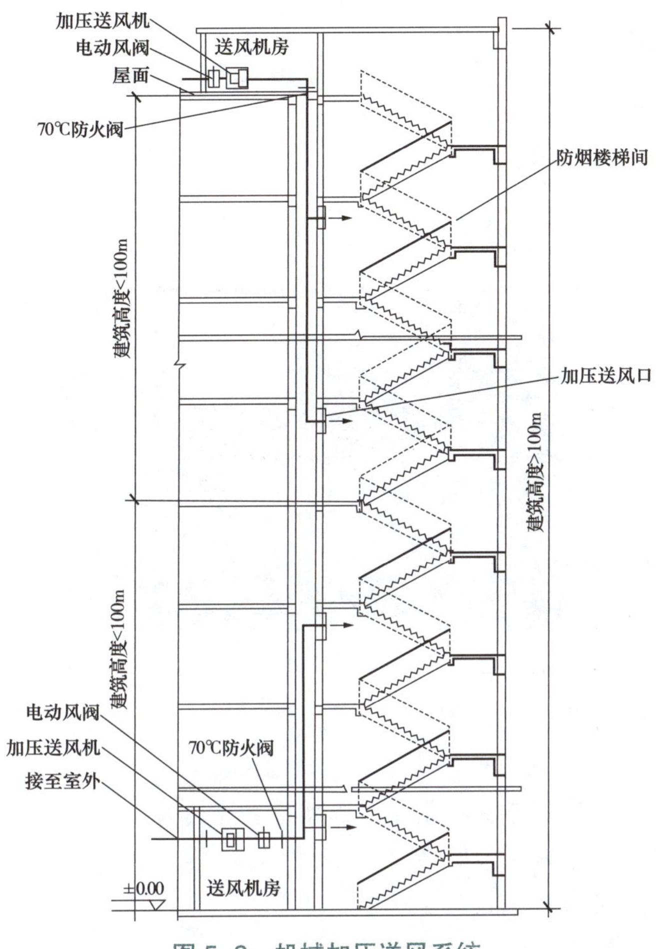

图 5-2 机械加压送风系统

1. 加压送风机

机械加压送风机可采用轴流风机或中、低压离心风机。机械加压送风机外观如图 5-3 所示。

图 5-3 机械加压送风机

2. 加压送风口

加压送风口分为常开和常闭两种形式，根据火灾时送风需要选用。常开送风口用于楼梯间，常闭式送风口一般设在前室、合用前室。送风口一般采用自垂式百叶风口或双层百叶风口。常闭式送风口如图 5-4 所示。

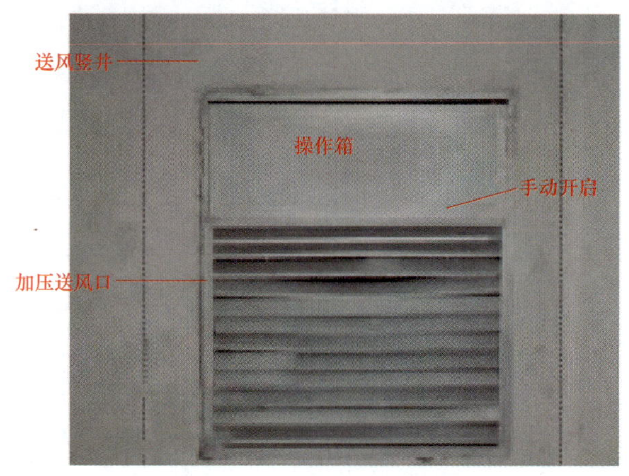

注 由于前室风口是选择性开启，加压送风口应为电动风口；ΔP=25.30Pa。

图 5-4 常闭式送风口

3. 风管 / 风井

正压送风管道应采用不燃材料制作，排烟管道及其框架、固定材料、密封垫片必须采用不燃材料制作，尽量采用金属管道。

防烟系统主要设备参数如表 5-1 所示。

表 5-1 防烟系统主要设备参数表

设备	参数类型	参数值
风机	风量	不小于设计文件中计算出的送风量
送风口	风速	通常情况下：≤ 7m/s
风管 / 风井	耐火极限	竖向，未设置在管道井内时：≤ 1.00h
		竖向，与其他管道合用管道井时：≤ 1.00h
		水平，设置在吊顶内时：≤ 0.50h
		水平，设置在吊顶外时：≤ 1.00h
	风速	金属风道，≤ 20m/s；非金属风道，≤ 15m/s

二、排烟系统的组成与主要设备

排烟系统分为自然排烟系统和机械排烟系统。

自然排烟是充分利用建筑物的构造，在自然力的作用下，即利用火灾产生的热烟气流的浮力和外部风力作用，通过建筑物房间或走道的开口把烟气排至室外的排烟方式。一般采用可开启外窗或设在外墙上的开口自然排烟，也可以设置电动排烟窗。电动排烟窗如图 5–5 所示。

图 5–5　电动排烟窗

机械排烟系统由排烟口（阀）、排烟防火阀、排烟管道、排烟风机和排烟风机控制柜等组成。通常还会通过挡烟设施划分防烟分区，如挡烟垂壁、挡烟隔墙、挡烟梁等。火灾发生时，防烟分区内的感烟探测器等触发器件将报警信号传送至火灾报警控制器，主机控制该区域的电动挡烟垂壁降落，排烟口开启，也可以人工开启排烟口。排烟口开启后，排烟风机投入运行，将烟气通过排烟管道排至室外。机械排烟系统如图 5–6 所示。

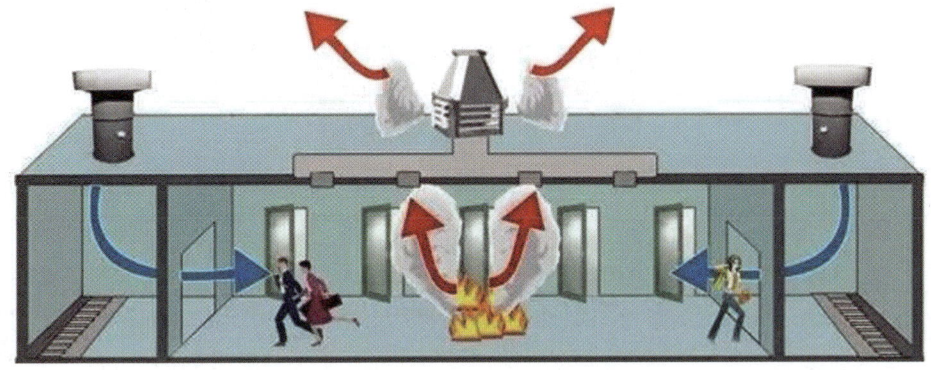

图 5–6　机械排烟系统

1. 排烟风机

排烟风机可采用离心风机或排烟专用的轴流风机。排烟风机应能在 280℃的条件下连续工作不少于 30min。排烟风机与排烟管道的进出口连接处设置软管接头时，该软管接头应在 280℃下连续工作不少于 30min，且采用不燃材料制作。排烟风机如图 5-7 所示。

图 5-7　排烟风机（离心风机 / 轴流风机）

2. 排烟口

排烟口主要有板式排烟口和多叶式排烟口。板式排烟口主要由本体、缆绳及套管、控制电缆开启装置等组成，其开关形式为单横轴旋转式，手动方式有远距离操作装置，常用于走廊或房间的排烟。多叶式排烟口主要由本体、铝合金格栅、温度熔断器、检查门等组成，其开关形式有多横轴旋转式和多纵轴旋转式，手动方式有就地操作和远距离操作两种。排烟口如图 5-8 所示。

图 5-8　排烟口

3. 排烟风管

排烟管道必须采用不燃材料制作，优先采用金属管道，排烟管道的框架、固定材料、密封垫片应为不燃材料。排烟风管如图 5–9 所示。

图 5–9　排烟风管

4. 排烟防火阀

排烟防火阀的动作温度为 280℃，还应具备电信号开启、手动开启和关闭、手动复位、动作信号反馈消防中心等功能。排烟风管穿过需要封闭的防火分隔墙体或楼板时，应设置预埋管或防护套管，其钢板厚度不应小于 1.6mm。排烟管与防护套管之间应采用不燃且环保的柔性材料封堵。排烟防火阀如图 5–10 所示。

图 5–10　排烟防火阀

排烟系统主要设备参数如表 5–2 所示。

表 5-2　　排烟系统主要设备参数表

设备	参数类型	参数值
风机	风量	不小于设计文件中计算出的送风量
排烟口	风速	通常情况下：≤ 10m/s
风管 / 风井	耐火极限	竖向，设置在独立管道井内：≤ 0.50h
		水平，设置在除走道以外的吊顶内时：≤ 0.50h
		水平，设置在吊顶外时：≤ 1.00h
		水平，设置在走道部位吊顶内时：≤ 1.00h
		水平，穿越防火分区时：≤ 1.00h
		水平，设置在设备用房和汽车库内时：≤ 0.50h
	风速	金属风道，≤ 20m/s；非金属风道，≤ 15m/s

第二节　电力场所防排烟系统操作

一、正压送风机和排烟风机

1. 现场手动启动

（1）将风机控制柜的手动、自动转换按钮旋转到手动状态。风机控制柜操作面盘如图 5-11 所示。

图 5-11　风机控制柜操作面盘

（2）按下风机启动按钮，对应的风机应能正常启动，相应启动指示灯应点亮。风机启动后应运转平稳，风向正确，无不良噪声和振动。联系消防控制室，火灾报警控制器上应有相应送风机启动的反馈信号。

（3）按下送风机停止按钮，风机应能停止运行。火灾报警控制器上应有相应送风机停止运行的反馈信号。

（4）将风机控制柜的手动 / 自动转换按钮恢复至自动状态。

2. 多线控制盘远程自动启动

（1）确认风机控制柜的手动、自动转换按钮处于自动状态。

（2）在火灾报警控制器多线控制盘上选择需要启动的风机，按下对应的“启动”按钮，“启动”指示灯闪亮。

（3）稍等片刻，“反馈”指示灯亮起，“启动”指示灯变为常亮，表示现场风机已经启动，火灾报警控制器收到了风机启动的反馈信号。询问现场人员，风机应已正常启动。

（4）按下“停止”键，“启动”和“反馈”指示灯同时熄灭，表示现场风机已经停止运转。询问现场人员，风机应已停止运转。

3. 联动启动

在火灾报警控制器自动状态下，送风口或排烟口开启后，会联动开启相应的防烟风机或排烟风机。送风口、排烟口的开启方法详见下节。

4. 总线控制盘远程自动启动

大多数建筑工程往往采用多线控制的方式来远程启动风机。但是，有些建筑工程在这种方式之外，还可以采用总线控制盘来远程启动风机。这种情况虽不多见，但本节仍对其操作方法进行介绍，读者可以结合自身单位的实际情况进行操作。

（1）准工作状态下，风机控制柜应处于自动状态。查看风机控制柜的手动、自动转换按钮是否处于自动状态，若处于手动状态，应将其旋转至自动状态。

（2）确认火灾报警控制器处于手动状态，若处于自动状态，按下操作面盘上的“自动 / 手动”键，将火灾报警控制器转为手动状态。

（3）在总线控制盘按下“送风机”或“排烟风机”键位。

（4）对照火灾自动报警系统编码表，选中需要启动的风机，按下“启动”键，则现场风机自动启动。

（5）按下“停止”按钮，火灾报警控制器向该风机发出停止信号，显示屏上对应点位的“启动”二字消失。

（6）按下操作面盘上的“自动 / 手动”键，将火灾报警控制器恢复至自动状态。

二、送风口和排烟口

送风口和排烟口外观如图 5-12 和图 5-13 所示。

图 5-12 送风口

图 5-13 排烟口

1. 手动启闭试验

（1）打开送风口或排烟口侧边盖板。

（2）找到盖板内阀门控制装置的拉环，用力拉出拉环，送风口或排烟口叶片应能开启。联系消防控制室，火灾报警控制器上应有相应送风口或排烟口开启的反馈信号。

（3）转动复位扳手，将排烟口或送风口恢复到初始状态。

（4）为了操作方便，有些排烟风机还在墙壁上安装了手动执行机构，也可以通过该机构测试排烟口的启闭性能。手动执行机构如图 5-14 所示。

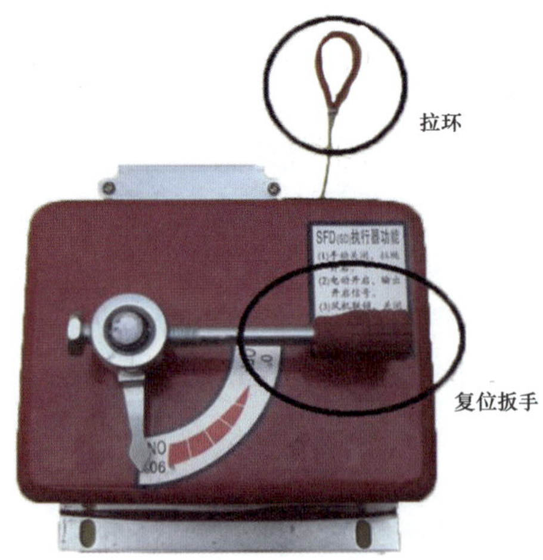

图 5-14 手动执行机构

2. 自动开启试验

送风口和排烟口可通过火灾报警控制器总线控制盘自动开启，具体操作方法见第一章第三节的火灾报警控制器的操作方法。需要注意的是，通过火灾报警控制器开启送风口或排烟口后，仍需工作人员在现场手动复位。

第三节　电力场所防排烟系统巡查检查方法

一、正压送风机、排烟风机

1. 外观检查

（1）查看风机是否完好无损，有无锈蚀。

（2）查看风机是否安装稳固，地脚螺栓是否已拧紧。

（3）查看风机进、出口处柔性短管是否严密。

（4）查看风机控制柜是否处于“自动”状态，仪表、指示灯、开关按钮等零件是否完好。

2. 启动功能检查

手动、自动启动风机，观察其能否正常运转。操作方法参见本章第三节。

二、风管、风道

外观检查：检查风管、风道外观有无破损，水平安装的风管是否连接牢固，金属风管有无泛卤、泛霜现象。

三、送风口（阀）、排烟口（阀）

1. 外观检查

（1）查看送风口、排烟口是否完好无损，有无锈蚀，有无异物进入。

（2）查看风机是否安装稳固，地脚螺栓是否已拧紧。

（3）查看风机进、出口处柔性短管是否严密。

2. 启动功能检查

手动或自动开启送风口、排烟口，阀门动作应灵敏、可靠，脱扣钢丝连接不应有松弛、脱落现象。操作方法参见本章第二节。

四、电动挡烟垂壁

1. 外观检查

电动挡烟垂壁及其控制装置外观应完好，无撕裂、破损现象，挡烟垂壁下方不应有阻挡其降落的障碍物。

2. 手动升降试验

通过手动控制按钮控制电动挡烟垂壁的降落与升起，挡烟垂壁应运行平稳，不被卡塞。

3. 自动降落试验

火灾报警控制器自动状态下，开启某一防烟分区的排烟阀，该分区的挡烟垂壁应能自动降落。

五、电动排烟窗

1. 外观检查

电动排烟窗及其控制装置外观应完好，无破裂、损坏、组件缺失现象。

2. 手动启闭试验

拉动手动控制装置，电动排烟窗应能正常开启、闭合，应运行平稳，不被卡塞。

3. 自动降落试验

火灾报警控制器在自动状态下，开启某一防烟分区的排烟阀，该分区的电动排烟窗应能自动开启。

防排烟系统维护周期及检查内容如表 5-3 所示。

表 5-3　　防排烟系统维护周期及检查内容

维护周期	检查内容
每周	1）查看风管、风道及风口等部件是否完好，有无异物、变形
	2）检查室外进风口、排烟口是否通畅
	3）巡查系统电源状态，电压是否正常
每月	1）手动或自动启动防烟、排烟风机，检查风机能否正常启动，有无锈蚀、螺丝松动等情况
	2）挡烟垂壁手动或自动启动、复位试验，有无升降障碍
	3）排烟窗手动或自动启动、复位试验，有无开关障碍
	4）检查供电线路有无老化，双回路自动切换电源功能等是否正常
每半年	1）排烟防火阀手动或自动启动、复位试验检查，有无变形、锈蚀，弹簧性能是否完好，确认排烟防火阀性能可靠
	2）送风阀或送风口手动或自动启动、复位试验检查，有无变形、锈蚀，弹簧性能是否完好，确认送风阀、送风口性能可靠
	3）排烟阀或排烟口手动或自动启动、复位试验检查，有无变形、锈蚀，弹簧性能是否完好，确认排烟阀、排烟口性能可靠
每年	进行系统联动测试，检验系统的联动功能及主要技术性能

注　1. 双回路自动切换电源试验危险性较高，应由专业电工操作，不可自行试验。

2. 建议系统联动测试委托专业消防检测单位进行，可结合消防年度检测一并开展。

第四节　电力场所防排烟系统故障及处理

一、正压送风机、排烟风机

正压送风机、排烟风机常见故障及处理方法如表 5–4 所示。

表 5–4　　正压送风机、排烟风机常见故障及处理方法

故障表现	故障原因分析	故障处理
风机控制柜启动按钮失灵	风机控制柜未通电	检查风机控制柜电源指示灯是否常亮，若不亮，检查控制柜电源线是否接通
	风机控制柜处于自动状态	将手动 / 自动转换开关转为手动状态
	风机控制柜控制线路故障	打开风机控制柜，检修内部控制线路
	风机本身故障	自动启动风机，若仍不能启动，对风机进行维修
风机无法通过多线控制盘启动	风机控制柜与多线控制盘间的线路故障	排查风机控制柜至多线控制盘之间的控制线路
	多线控制盘启动按钮失灵	更换多线控制盘按钮
	风机未通电	检查风机供电线路
	风机本身故障	手动启动风机，若仍无法启动，对风机进行维修

二、送风口、排烟口

送风口、排烟口常见故障及处理方法如表 5–5 所示。

表 5–5　　送风口、排烟口常见故障及处理方法

故障表现	故障原因分析	故障处理
送风口启闭不灵活或打不开	风口锈蚀	对风口阀门进行除锈
	风口阀门部件损坏	维修或更换受损部件
风机启动后，送风口未送风或排烟口未抽吸烟气	风口内的阀门未打开	打开风口内阀门，排查其未能自动开启的原因并维修
	风机反转	更改风机接线的正负极
	排烟风机入口的排烟防火阀未打开	使排烟风机入口的排烟防火阀处于常开状态

三、电动挡烟垂壁

电动挡烟垂壁常见故障及处理方法如表 5-6 所示。

表 5-6　　电动挡烟垂壁常见故障及处理方法

故障表现	故障原因分析	故障处理
挡烟垂壁启动按钮失灵	启动按钮未通电	检修挡烟垂壁控制按钮供电线路
	启动按钮损坏	更换挡烟垂壁启动按钮
	挡烟垂壁被卡塞	清除卡塞挡烟垂壁的异物
挡烟垂壁不能下降到位	挡烟垂壁被卡塞	清除卡塞挡烟垂壁的异物

第六章　灭火器

灭火器是一种可携式灭火工具，内部放置化学物品，用以救灭火灾。灭火器是常见的防火设施之一，存放在公众场所或可能发生火灾的地方，不同种类的灭火器内装填的成分不一样，是专为不同的火灾起因而设，使用时必须注意以免产生负面效果并引起危险。

第一节　灭火器的分类与工作原理

一、灭火器的分类

灭火器按充装的灭火剂类型分为水基型灭火器、干粉型灭火器、二氧化碳灭火器和洁净气体灭火器 4 类。其中，水基型灭火器又主要分为水基型泡沫灭火器、水基型水雾灭火器、水基型清水灭火器；干粉型灭火器主要分为 ABC 干粉灭火器、BC 干粉灭火器。

电力场所比较常见的灭火器主要有 ABC 干粉灭火器、水基型水雾灭火器和二氧化碳灭火器。干粉灭火器、水基灭火器和二氧化碳灭火器分别如图 6-1~ 图 6-3 所示。

图 6-1　干粉灭火器

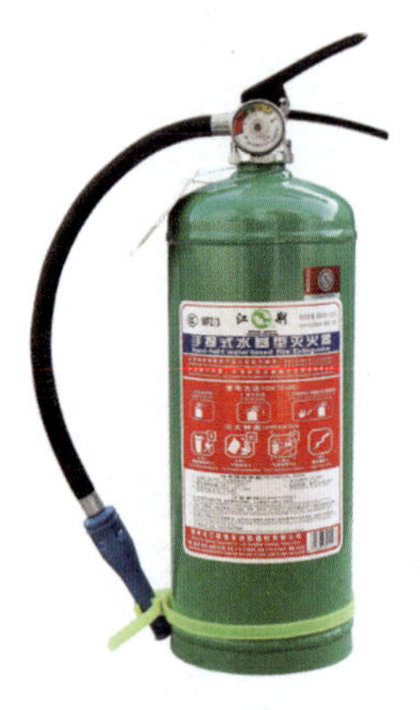
图 6–2　水基灭火器

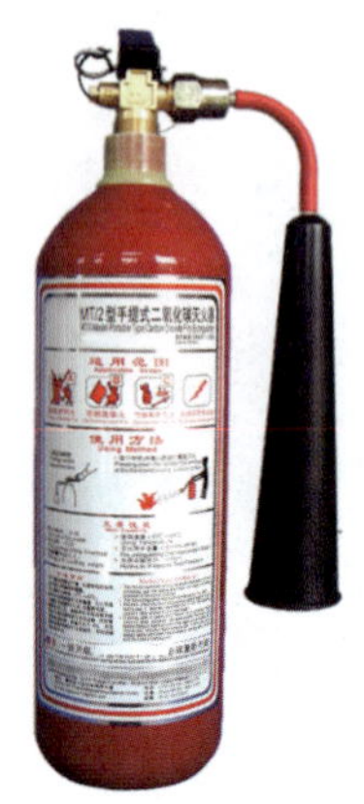
图 6–3　二氧化碳灭火器

必须注意的是，不同类型灭火器的适用范围有所不同。ABC 型（磷酸铵盐）干粉灭火器适用于扑灭 A 类、B 类、C 类火及 E 类火灾；BC 型（碳酸氢钠）干粉灭火器用于扑灭 A 类、B 类、C 类火及 E 类火灾。水基型灭火器适用于扑灭 A 类火灾。二氧化碳灭火器适用于扑灭 B 类、C 类火灾及带电的 B 类火灾。在实际应用中，可以通过观察灭火器筒体上的型号，迅速了解灭火器的类型。

灭火器型号的编制方法如下：

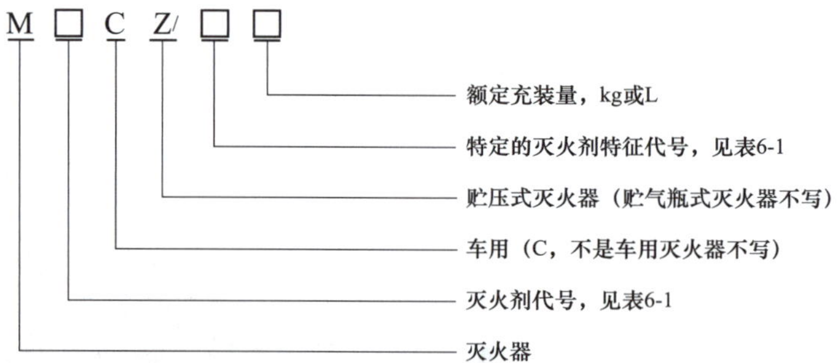

例：筒体标示灭火器型号为 MFCZ/ABC1，表示该灭火器为手提车载贮压式 ABC 干粉（1kg）灭火器，灭火级别为 1A、21B。

灭火器主要参数表如表 6–1 所示。

表 6–1　灭火器主要参数表

参数类型	参数值
灭火剂代号	S—水基型灭火剂；P—泡沫灭火剂；F—干粉灭火剂；T—二氧化碳灭火剂
特征代号	AR—具有扑灭水溶性液体燃料火灾的能力
	ABC—具有扑灭 A/B/C 类火灾的能力
	BC—具有扑灭 B/C 类火灾的能力

续表

参数类型	参数值
公称口径（mm）	10、15、20
公称动作温度	代表玻璃球爆裂或易熔元件融化时的温度，详见公称动作温度表

二、灭火器的工作原理

灭火的方法有冷却、窒息、隔离等物理方法，也有化学抑制的方法，不同类型的火灾需要有针对性的灭火方法。灭火器正是根据这些方法而进行专门设计和研制的，因此各类灭火器也有着不同的灭火机理与各自的适用范围。

（一）干粉灭火器

干粉灭火器的灭火机理主要是：①通过干粉中的无机盐的挥发性分解物与燃烧过程中燃料所产生的自由基或活性基团发生化学抑制和负催化作用，使燃烧的链反应中断而灭火；②通过干粉的粉末落在可燃物表面外发生化学反应，并在高温作用下形成一层玻璃状覆盖层，从而隔绝氧，进而窒息灭火。另外，还有部分稀释氧和冷却作用。

（二）水基灭火器

水基型灭火器灭火属物理灭火机理。药剂可在可燃物表面形成并扩展一层薄水膜，使可燃物与空气隔离，从而实现灭火。经雾化喷嘴，喷射出细水雾，漫布火场并蒸发热量，迅速降低火场温度，同时降低燃烧区空气中氧的浓度，防止复燃。水基型灭火器的抗复燃性好，是干粉灭火器无可比拟的一大优点。

（三）二氧化碳灭火器

二氧化碳作为灭火剂已有 100 多年的历史，其价格低廉，获取、制备容易。二氧化碳主要依靠窒息作用和部分冷却作用灭火。二氧化碳具有较高的密度，约为空气的 1.5 倍。在常压下，液态的二氧化碳会立即汽化，一般 1kg 的液态二氧化碳可产生约 0.5m^3 的气体。因而灭火时，二氧化碳气体可以排除空气而包围在燃烧物体的表面或分布于较密闭的空间中，降低可燃物周围和防护空间内的氧浓度，产生窒息作用而灭火。另外，二氧化碳从储存容器中喷出时，会由液体迅速汽化成气体，而从周围吸收部分热量，起到冷却的作用。

第二节　灭火器的操作方法

一、手提式干粉灭火器

使用方法：

（1）手提灭火器压把，在距离起火点 3~5m 处将灭火器放下，在室外使用时注意占据上风方向。

（2）使用前先将灭火器上下颠倒几次，使筒内干粉松动。

（3）拔下保险销，一只手握住喷嘴，使其对准火焰根部；另一只手用力按下压把，干粉便会从喷嘴喷射出来。

（4）左右喷射，不能上下喷射，灭火过程中应保持灭火器直立状态，不能横卧或颠倒使用。

干粉灭火器操作示意如图 6–4 所示。

图 6–4　干粉灭火器操作示意

注意事项：使用手提式干粉灭火器扑救固体可燃物火灾时，应对准燃烧最猛烈处喷射，并上下、左右扫射。如条件许可，使用者可提着灭火器沿着燃烧物的四周边走边喷，使干粉灭火剂均匀地喷在燃烧物的表面，直至将火焰全部扑灭。

二、手提式二氧化碳灭火器

使用方法：

（1）先拔出保险栓。

（2）再压下压把（或旋动阀门）。

（3）将喷口对准火焰根部灭火。

二氧化碳灭火器使用方法如图 6–5 所示。

注意事项：

（1）使用时要戴手套，以免皮肤接触喷筒和喷射胶管，防止冻伤。

（2）使用二氧化碳灭火器扑救电器火灾时，如果电压超过 600V，应先断电再灭火。

（3）在室外使用时，应选择在上风方向喷射，并且手要放在钢瓶的木柄上，防止冻伤；在室外内窄小空间使用的，灭火后操作者应迅速离开，以防窒息。

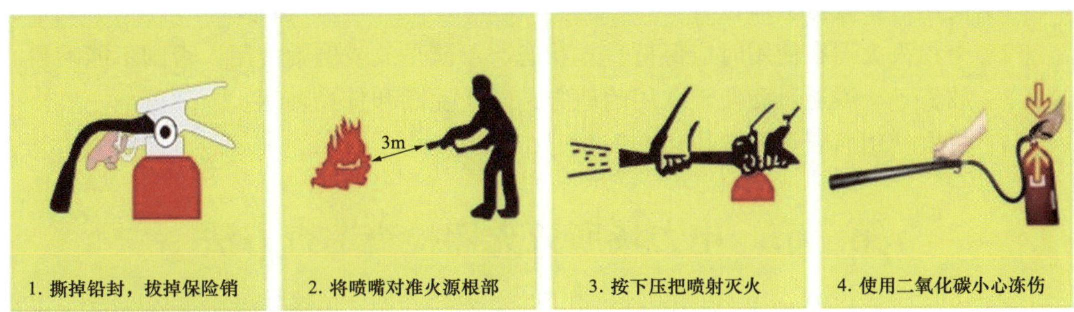

注　1. 不能水平或颠倒使用灭火器；
　　2. 灭火器严禁挪用、损坏和遮蔽。

图 6-5　二氧化碳灭火器使用方法

三、推车式干粉灭火器

使用方法：

（1）推车式灭火器必须两人协同操作使用。

（2）使用灭火器前，先检查压力是否有效，再检查喷枪、软管及接口是否密封完好、无损。

（3）一人先将车把前后颠覆几次，确认干粉有效松动后，另一人迅速双手紧紧握喷枪施展软管往前拉开。

（4）推车者将车子移至离火场 8~10m 的上风处停稳，拔掉保险销。

（5）打开阀门，扣动喷枪扳机，对准火焰根部喷射，由远渐近、左右扫射向前推进将火扑灭。

（6）火灭后，将阀门关闭，灭火剂停止喷射。

推车式灭火器操作示意如图 6-6 所示。

图 6-6　推车式灭火器操作示意

注意事项：

（1）使用时要处在上风位置。

（2）干粉灭火器在使用时应保持直立状态，不能平放或倒置使用，否则不能喷粉。

（3）放置于干燥通风和便于取用的地方，防止受潮和日光曝晒。

（4）每次使用后要重新装粉和充气。

第三节　电力场所灭火器检查巡查方法

灭火器设置点符合安装配置图表要求，配置点及其灭火器箱上有符合规定要求的发光指示标识。灭火器数量符合配置安装要求，灭火器压力指示器指向绿区。灭火器压力表如图 6–7 所示。

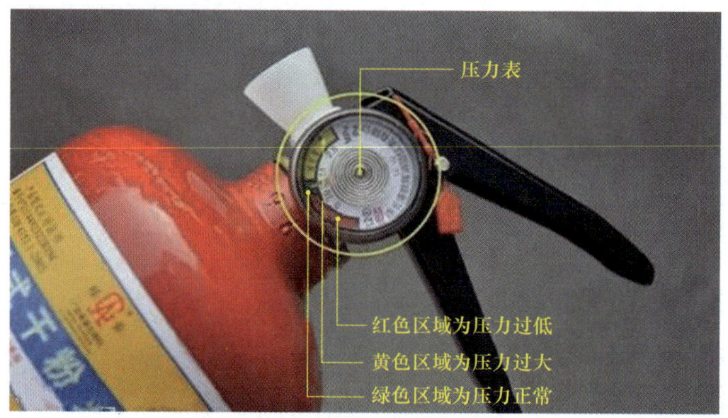

图 6–7　灭火器压力表

灭火器外观无明显损伤和缺陷，保险装置的铅封、锁闩完好无损。经维修的灭火器，维修标识符合规定。灭火器筒体钢印如图 6–8 所示。

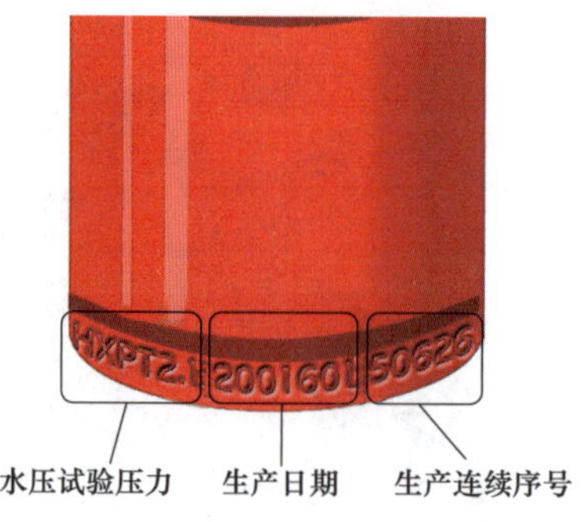

图 6–8　灭火器筒体钢印

灭火器维修报废周期如表 6–2 所示。

表 6-2　　灭火器维修报废周期表

类型	首次维修	复检	报废
水基型	出厂后满 3 年	首次维修后每满 1 年	出厂后满 6 年
干粉	出厂后满 5 年	首次维修后每满 2 年	出厂后满 10 年
二氧化碳	出厂后满 5 年	首次维修后每满 2 年	出厂后满 12 年

第四节　电力场所灭火器常见故障及处理方法

灭火器的维修、报废均需由依法获得相应许可的专业机构进行，因此，在实际工作中，工作人员应需掌握灭火器的维修、报废情况，一经发现及时对灭火器进行送修或更换即可。

一、灭火器需要维修的情况

灭火器需要维修的情况如表 6-3 所示。

表 6-3　　灭火器需要维修的情况

表现形式	处理方法
灭火器存在机械损伤	送修灭火器时，一次送修数量不得超过该单元配置灭火器总数量的 1/4。超出时，需要选择相同类型、相同操作方法的灭火器替代，且其灭火级别不得小于原配置灭火器的灭火级别
灭火器有明显锈蚀	
灭火剂泄漏	
灭火器被开启使用过	
压力指示器指向红区	

二、灭火器需要报废的情况

灭火器维修报废周期如表 6-4 所示。

表 6-4　　灭火器维修报废周期表

表现形式	处理方法
达到报废年限	由专业灭火器维修机构提供回收服务，对报废的灭火器筒体或者气瓶、储气瓶进行消除使用功能处理，并做好报废处置记录。灭火器报废后，要按照等效替代的原则对灭火器进行更换
永久性标志模糊，无法识别	
筒体或者气瓶被火烧过	
筒体或者气瓶有严重变形	

续表

表现形式	处理方法
筒体或气瓶外部涂层脱落面积大于筒体或者气瓶总面积的1/3	由专业灭火器维修机构提供回收服务，对报废的灭火器筒体或者气瓶、储气瓶进行消除使用功能处理，并做好报废处置记录。灭火器报废后，要按照等效替代的原则对灭火器进行更换
筒体或气瓶外表面、连接部位、底座有腐蚀的凹坑	
筒体或气瓶有锡焊、铜焊或补缀等修补痕迹	
筒体或气瓶内部有锈屑或内表面有腐蚀的凹坑	
水基型灭火器筒体内部的防腐层失效	
筒体或者气瓶的连接螺纹有损伤	
筒体或者气瓶水压试验不符合水压试验的要求	
灭火器产品不符合消防产品市场准入制度	
灭火器由不具维修资格的维修机构维修的	

第七章　悬挂式干粉灭火装置

悬挂式干粉灭火装置是一种可以悬挂安装的灭火装置，它使用干粉作为灭火剂，具有灭火速度快、使用安全、喷洒均匀等特点。悬挂式干粉灭火装置将灭火剂储罐、喷头、配套动作附件、压力显示部件等组件预先装配，使用时安装较为方便。按照灭火器储存压力的不同，可分为储压式和非储压式两种。

第一节　悬挂式干粉灭火装置的组成与工作原理

一、悬挂式干粉灭火装置的组成

在电力场所中，比较常见的干粉灭火装置主要为贮压悬挂式 ABC 超细干粉灭火装置。通常情况下，贮压悬挂式超细干粉灭火装置由灭火剂储瓶、超细干粉灭火剂、感温释放组件、吊环螺母、压力表、电引发器、热引发器和信号反馈装置组成。悬挂式干粉灭火装置如图 7-1 所示。

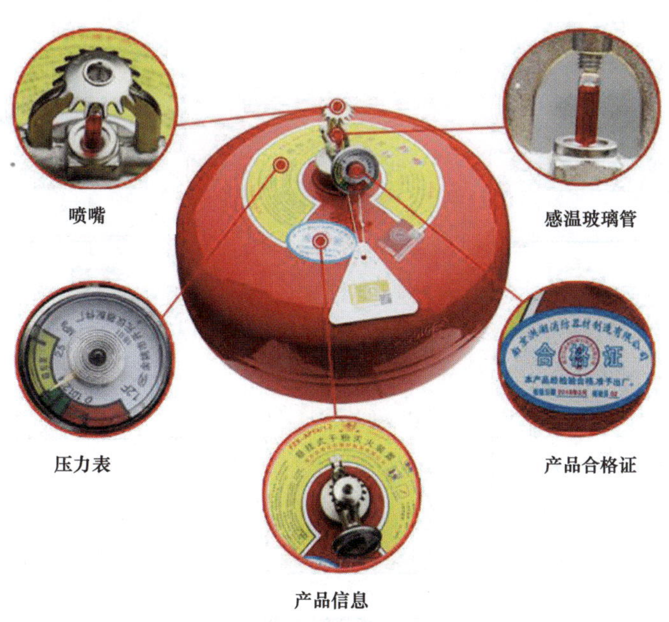

图 7-1　悬挂式干粉灭火装置

干粉灭火装置型号的编制方法如下：

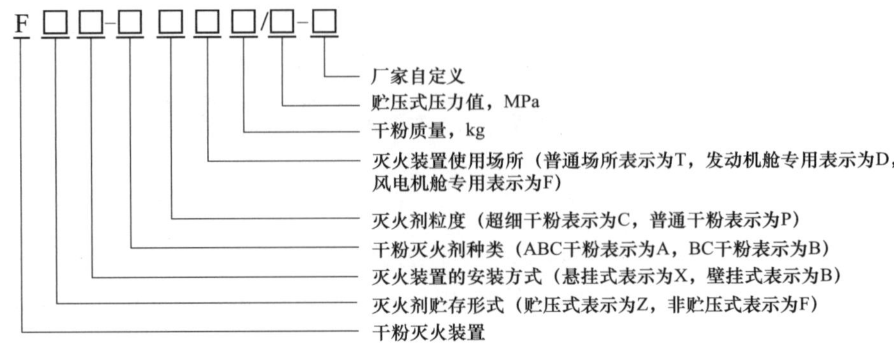

例：某干粉灭火装置型号为 FZB–ACD 1/1.5，表示其为充装 ABC 超细干粉灭火剂 1kg、充压 1.5MPa 的贮压壁挂式发动机舱专用干粉灭火装置。

二、悬挂式干粉灭火装置的工作原理

贮压式超细干粉灭火系统一般用氮气作为推进剂，平时把具有一定压力的氮气和超细干粉灭火剂共同储存在密闭的压力容器中。火灾发生时，干粉灭火装置的感温玻璃球受热膨胀破碎，超细干粉在驱动氮气的作用下充分混合形成气粉混合物喷出，雾粉与火焰接触，在化学和物理的作用下扑灭火灾。悬挂式干粉灭火装置结构如图 7–2 所示。

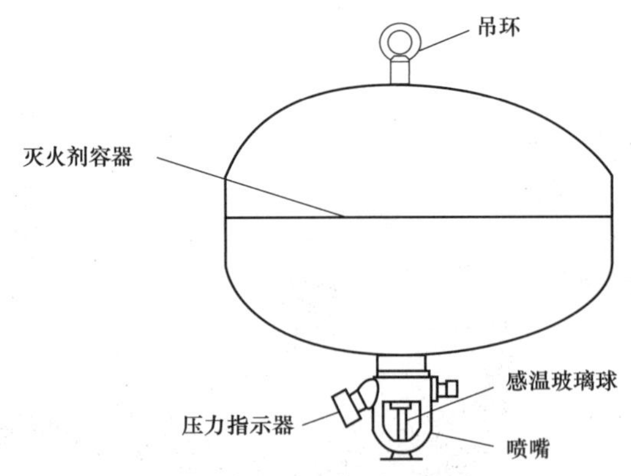

图 7–2　悬挂式干粉灭火装置结构图

超细干粉具有对有焰燃烧的化学抑制作用，对无焰燃烧的窒息作用，对热辐射的遮隔、冷却作用。超细干粉粒径小（15 μm 以下）、流动性好、能在空气中悬浮一定时间，因此既可以在非封闭空间实现局部灭火，又可在封闭空间实现全淹没灭火。

悬挂式干粉灭火装置可采用感温元件、电引发器或热引发器启动。

（一）感温元件启动

当采用感温元件启动时，喷头的玻璃球作为感温元件，采用定温启动方式。悬挂式干粉灭火装置感温玻璃球如图 7–3 所示。

图 7–3　悬挂式干粉灭火装置感温玻璃球

火灾时，当环境温度超过喷头感温元件的公称动作温度，玱璃球受热膨胀破裂，压板受容器内压力推动脱落，灭火剂在驱动气体作用下快速喷出灭火。

感温玻璃球喷头公称动作温度和颜色标志对应表如表 7–1 所示。

表 7–1　感温玻璃球喷头公称动作温度和颜色标志对应表

选用玻璃球公称动作温度（℃）	57	68	79	93	121	163	204
感温元件颜色	橙	红	黄	绿	蓝	紫	黑

（二）电引发器启动

将灭火装置上的电启动器与火灾报警控制系统相连，灭火装置可以实现电控启动。电信号通过玻璃球附近的爆破装置引爆玻璃球，并向火灾报警控制器发送干粉灭火装置启动的信号，还可以通过火灾报警控制器实现消防系统的联动。悬挂式干粉灭火装置电启动装置如图 7–4 所示。

图 7–4　悬挂式干粉灭火装置电启动装置

（三）热引发器启动

当采用热引发器时，干粉灭火装置通过一定长度的热敏线感知防护区内的温度，当达到引燃温度时触发热引发器动作，热引发器燃烧产生的热量传导至玻璃球，引发玻璃球爆破，干粉灭火装置随即启动灭火。悬挂式干粉灭火装置热敏线如图 7-5 所示。

图 7-5　悬挂式干粉灭火装置热敏线

第二节　电力场所悬挂式干粉灭火装置操作方法

电力场所一般使用的悬挂式干粉灭火装置大部分采用感温元件或热引发器进行自动启动，无需进行操作。当采用电引发器时，可通过灭火控制器上的启动按钮进行手动启动操作。

一、电控自动启动

在灭火控制器设置于“自动”位置时，灭火装置处于自动控制状态。当保护区发生火灾时，灭火控制器判明的确发生火灾后，自动启动灭火装置喷射灭火剂，实施灭火。灭火完成后，反馈装置接通，火灾报警控制系统灭火完成显示灯亮起。

二、电控手动启动

在灭火控制器设置于“手动”位置时，灭火装置处于手动控制状态。当保护区发生火灾时，人工按下灭火控制器或手动控制盘上的启动按钮，即可启动灭火装置喷射灭火剂，实施灭火。灭火完成后，反馈装置接通，火灾报警控制系统灭火完成显示灯亮起。

第三节　电力场所悬挂式干粉灭火装置巡查检查方法

一、悬挂式干粉灭火装置本体

1. 外观状态

查看喷头、感温元件以及储存灭火剂容器、压力指示器等组件外观，应无移位、损坏或腐蚀现象。

2. 工作压力

查看压力指示器的指针是否指示在绿区范围。

3. 有效期

查看瓶体标识上的生产日期及灭火剂有效期，判断是否在有效期内。

二、系统组件

（1）检查电引发器引出线及连接电缆，应无折断、破损等现象。

（2）检查灭火装置和支、吊架的安装固定情况，应无松动。

三、防护区

检查防护区的开口情况、防护区的用途及可燃物的种类、数量、分布情况，应符合原设计要求。

四、干粉灭火剂

使用 5 年后，对同一建筑物或构筑物内使用的同一批次的贮压式灭火装置，随机抽取 2 具，对充装的干粉灭火剂的外观质量进行检验，并记录检验结果。若发现干粉灭火剂结块，应更换灭火装置的干粉灭火剂，并加倍随机抽样复验。若复验仍不合格，应更换该批次所有灭火装置内的干粉灭火剂。

第二篇

电力建筑防火

建筑防火是指在建筑设计和建筑建设过程中采取的防火措施，以防止火灾发生和减少火灾对生命财产的危害。通常，建筑防火措施包括被动防火和主动防火两个方面。建筑被动防火措施主要是指建筑防火间距、建筑耐火等级、建筑防火构造、建筑防火分区分隔、建筑安全疏散设施等；建筑主动防火措施主要是指火灾自动报警系统、自动灭火系统、防排烟系统等。

电力场所常见的建筑防火措施主要有建（构）筑物火灾危险性及耐火等级、灭火救援、安全疏散、构造防火等。本篇将分别从概念、规范规定和日常巡查检查等方面对其进行讲解。

第八章　电力建（构）筑物火灾危险性及耐火等级

本章主要讲述电力建（构）筑的火灾危险性及耐火等级，以及相关规范对变电站及发电厂火灾危险性、耐火等级和防火间距的规定。

第一节　电力建（构）筑物火灾危险性分类及耐火等级

生产性场所的火灾危险性根据生产中使用或产生的物质性质及其数量等因素确定，分为甲、乙、丙、丁、戊五类。仓库储存物品的火灾危险性根据储存物品的性质和储存物品中的可燃物数量等因素进行确定，分为甲、乙、丙、丁、戊五类。

建筑耐火等级由组成建筑物的墙、柱、梁、楼板等主要构件的燃烧性能和最低耐火极限决定，分为一级、二级、三级和四级。

对于电力场所来说，变电站主要建（构）筑物有主控楼、配电装置楼、阀厅、油浸变压器室、蓄电池室、电缆（夹）层及事故贮油池等；发电厂主要建（构）筑物有主厂房、吸风机室、烟囱、脱硫工艺楼、屋内卸煤装置、碎煤机室、筒仓、供卸油泵房、主控楼、屋内配电装置楼、油浸变压器室、制氢站及供氢站等；其他电力建筑物有调度大楼、生产基地、培训中心等。

变电站主要建（构）筑物的火灾危险性及其耐火等级见表 8-1。

表 8-1　　变电站主要建（构）筑物的火灾危险性及其耐火等级

建（构）筑物名称		火灾危险性分类	耐火等级
主控楼		丁	二级
阀厅		丁	二级
配电装置楼	单台设备充油量 60kg 以上	丙	二级
	单台设备充油量 60kg 及以下	丁	二级
	不含有电气设备	戊	二级
油浸变压器室		丙	二级
蓄电池室		丁	二级
电缆（夹）层		丙	二级
事故贮油池		丙	一级

发电厂主要建（构）筑物的火灾危险性及其耐火等级见表 8-2。

表 8-2　　发电厂主要建（构）筑物的火灾危险性及其耐火等级

建（构）筑物名称		火灾危险性分类	耐火等级
主厂房		丁	二级
吸风机室		丁	二级
烟囱		丁	二级
脱硫工艺楼		戊	二级
屋内卸煤装置		丙	二级
碎煤机室		丙	二级
筒仓		丙	二级
供卸油泵房		丙	二级
主控楼		丙	一级
屋内配电装置楼	每台充油量＞ 60kg 的设备	丙	二级
	每台充油量≤ 60kg 的设备	丁	二级
油浸变压器室		丙	一级
制氢站、供氢站		甲	二级

调度大楼的耐火等级根据建筑构件燃烧性能与耐火极限的不同，可分为一级、二级。

第二节　电力建（构）筑物及设备的防火间距

变电站主要建（构）筑物防火间距见表 8-3 和表 8-4。

表 8-3　　变电站内建（构）筑物及设备之间的防火间距　　m

建（构）筑物、设备名称		丙、丁、戊类生产建筑耐火等级		屋外配电装置每组断路器油量（t）		可燃介质电容器（棚）	事故贮油池	生活建筑耐火等级	
		一、二级	三级	＜ 1	≥ 1			一、二级	三级
丙、丁、戊类生产建筑耐火等级	一、二级	10	12	—	10	10	5	10	12
	三级	12	14					12	14

续表

<table>
<tr><th colspan="2" rowspan="2">建（构）筑物、设备名称</th><th colspan="2">丙、丁、戊类生产建筑耐火等级</th><th colspan="2">屋外配电装置每组断路器油量（t）</th><th rowspan="2">可燃介质电容器（棚）</th><th rowspan="2">事故贮油池</th><th colspan="2">生活建筑耐火等级</th></tr>
<tr><th>一、二级</th><th>三级</th><th>＜1</th><th>≥1</th><th>一、二级</th><th>三级</th></tr>
<tr><td rowspan="2">屋外配电装置每组断路器油量（t）</td><td>＜1</td><td colspan="2">—</td><td colspan="2" rowspan="2">—</td><td rowspan="2">10</td><td rowspan="2">5</td><td rowspan="2">10</td><td rowspan="2">12</td></tr>
<tr><td>≥1</td><td colspan="2">10</td></tr>
<tr><td rowspan="3">油浸变压器、油浸电抗器单台设备油量（t）</td><td>≥5，≤10</td><td colspan="2" rowspan="3">10</td><td colspan="2" rowspan="3">油量为2.5t及以上的屋外油浸变压器、高压电抗器与油量为0.6t以上的带油电气设备之间的防火间距应不小于5m</td><td rowspan="3">10</td><td rowspan="3">5</td><td>15</td><td>20</td></tr>
<tr><td>＞10，≤50</td><td>20</td><td>25</td></tr>
<tr><td>＞50</td><td>25</td><td>30</td></tr>
<tr><td colspan="2">可燃介质电容器（棚）</td><td colspan="2">10</td><td colspan="2">10</td><td></td><td>5</td><td>15</td><td>20</td></tr>
<tr><td colspan="2">事故贮油池</td><td colspan="2">5</td><td colspan="2">5</td><td>5</td><td>—</td><td>10</td><td>12</td></tr>
<tr><td rowspan="2">生活建筑耐火等级</td><td>一、二级</td><td>10</td><td>12</td><td colspan="2">10</td><td>15</td><td>10</td><td>6</td><td>7</td></tr>
<tr><td>三级</td><td>12</td><td>14</td><td colspan="2">12</td><td>20</td><td>12</td><td>7</td><td>8</td></tr>
</table>

表 8-4　　屋外油浸变压器之间、屋外油浸电抗器之间的最小间距

电压等级	最小间距（m）	电压等级（kV）	最小间距（m）
35kV 及以下	5	220 及 330	10
66kV	6	500 及 750	15
110kV	8	1000	17

发电厂主要建（构）筑物的防火间距见表 8-5。

表 8-5　发电厂主要建（构）筑物的防火间距　m

建（构）筑物、设备名称	丙、丁、戊类建筑耐火等级		燃气轮机（房）或联合循环发电机组（房）、余热锅炉（房）	天然气调压站	燃油处理室		主变压器或屋外厂用变压器单台油量（t）			屋外配电装置	制氢站或供氢站	氢气罐总容积 V（m^3）		办公、生活建筑（单层或多层）耐火等级		铁路中心线		厂外道路（路边）	厂内道路（路边）	
	一、二级	三级			原油	重油	≥5，≤10	>10，≤50	>50			V≤1000	1000<V≤10000	一、二级	三级	厂外	厂内		主要	次要
燃气轮机（房）或联合循环发电机组（房）、余热锅炉（房）	10	12	—	30	30	10	10			10	12	12	15	10	12	5	5	—	—	—
天然气调压站	12	14	30	—	12	12	25			25	12	12	15	25		30	20	15	10	5
燃油处理室　原油	12	14	30	12	—	—	25			25	12	12	15	25		30	20	15	10	5
燃油处理室　重油	10	12	10	12	—	—	12	15	20	10	12	12	15	10	12	5	5	—	—	—

注　1. 燃油燃机电厂的油罐的防火间距应执行 GB 50074《石油库设计规范》；

2. 氧气罐的相关规定见 GB 50074 表 4.0.15 中的注 3 和注 4。

第九章　建（构）筑物灭火救援

本章讲述建（构）筑物灭火救援措施，主要介绍变电站、调度大楼及发电厂的消防车道、消防救援场地以及消防电梯等的规定。

第一节　建（构）筑物消防车道要求

一、变电站消防车道要求

当变电站内建筑的火灾危险性为丙类且建筑的占地面积超过 3000m^2 时，变电站内的消防车道有条件时应布置成环形；当为尽端式车道时，应设回车道或回车场地。

消防车道净宽度不应小于 4.0m。尽头式消防车道应设置回车道或回车场，回车场的面积应不小于 12m × 12m；对于高层建筑，通常不小于 15m × 15m；供重型消防车使用时，通常不小于 18m × 18m。

变电站站区围墙处可设一个供消防车辆进出的出入口。

二、调度大楼消防车道要求

（1）高层民用建筑应设置环形消防车道，确有困难时，可沿建筑的两个长边设置消防车道。对于山坡地或河道边临空建造的高层民用建筑，可沿建筑的一个长边设置消防车道，但该长边所在建筑立面应为消防车登高操作面。

（2）消防车道应符合下列要求：

1）车道的净宽度和净空高度均不小于 4.0m；

2）转弯半径应满足消防车转弯的要求；

3）消防车道与建筑之间不应设置妨碍消防车操作的树木、架空管线等障碍物；

4）消防车道的坡度通常不大于 8%。

（3）环形消防车道应至少有两处与其他车道连通。

三、发电厂消防车道要求

主厂房、点火油罐区、液氨区及贮煤场周围应设置环形消防车道，其他重点防火区域周围有条件时应设置消防车道。对单机容量为 30MW 及以上的机组，在炉后与除尘器之间应设置单车车道。消防车道可利用交通道路。当山区及扩建燃煤电厂的主厂房、点火油罐区、液氨区及贮煤场周围设置环形消防车道有困难时，可沿长边设置尽端式消防车道，并应设回车道或回车场。回车场的面积应不小于 12m × 12m；供大型消防车使用时，不应小于 18m × 18m。

消防车道的净宽度不应小于 4.0m，坡度通常不大于 8%。道路上空遇有管架、栈桥等障碍物时，其净高通常不小于 5.0m，在困难地段不应小于 4.5m。

第二节　建（构）筑物灭火救援场地要求

一、变电站灭火救援场地要求

由于变电站大多地处空旷，且建筑层数较低，我国现行标准、规范未对变电站灭火救援场地做出明确要求。

二、调度大楼灭火救援场地要求

（1）高层建筑应至少沿一个长边或周边长度的 1/4 且不小于一个长边长度的底边连续布置消防车登高操作场地。

（2）消防车登高操作场地应符合下列规定：

1）场地与建筑之间不应设置妨碍消防车操作的树木、架空管线等障碍物和车库出入口。

2）场地的长度和宽度应分别不小于 15m 和 10m。对于建筑高度大于 50m 的建筑，场地的长度和宽度应分别不小于 20m 和 10m。

3）场地及其下面的建筑结构、管道和暗沟等，应能承受重型消防车的压力。

4）场地距离建筑外墙不小于 5m，且不大于 10m，场地的坡度不大于 3%。

（3）在建筑物与消防车登高操作场地相对应的范围内，应设置直通室外的楼梯或直通楼梯间的入口。

（4）建筑的外墙应在每层设置可供消防救援人员进入的窗口。窗口的净高和净宽应均不小于 1.0m，下沿距室内地面不大于 1.2m，间距不大于 20m 且每个防火分区不应少于 2 个，设置位置应与消防车登高操作场地相对应。窗口的玻璃应易于破碎，并应设置可在室外易于识别的明显标志。

三、发电厂灭火救援场地要求

主厂房应至少在固定端和扩建端各布置一处消防车登高操作场地，在汽机房长边墙外侧每两台机组之间应布置一处消防车登高操作场地。建筑高度大于 24m 的厂内其他建筑物应至少沿一个长边或周边长度的 1/4 且不小于一个长边长度的底边连续布置消防车登高操作场地。消防车登高操作场地的长度和宽度应分别不小于 15m 和 10m。

在发电厂建筑物与消防车登高操作场地相对应的范围内，应设置直通室外的楼梯或直通楼梯间的入口。

厂房、仓库的外墙应在每层的适当位置设置可供消防救援人员进入的窗口，且每个防火分区应不少于 2 个，设置的位置应与消防车登高操作场地对应。

第三节　消防电梯要求

一、变电站灭火救援场地要求

变电站建筑层数较低，绝大多数情况下无需设置消防电梯。

二、调度大楼消防电梯要求

（1）一类高层公共建筑和建筑高度大于 32m 的二类高层公共建筑应设置消防电梯。

（2）消防电梯应分别设置在不同防火分区内，且每个防火分区不应少于 1 台。符合消防电梯要求的客梯或货梯可兼作消防电梯。

（3）消防电梯应设置在前室，并应符合下列规定：前室的使用面积应不小于 $6.0m^2$，前室的短边应不小于 2.4m；与防烟楼梯间合用的前室，其使用面积应不小于 $10.0m^2$；前室内应不开设其他门、窗、洞口；前室的门应采用乙级防火门。

（4）消防电梯应符合下列规定：

1）应能每层停靠；

2）电梯的载质量不应小于 800kg；

3）电梯的动力与控制电缆、电线、控制面板应采取防水措施；

4）在首层的消防电梯入口处应设置供消防队员专用的操作按钮；

5）电梯轿厢的内部装修应采用不燃材料；

6）电梯轿厢内部应设置专用消防对讲电话。

三、发电厂消防电梯要求

主厂房电梯应能供消防使用并应符合消防电梯的要求。除锅炉房消防电梯外，消防电梯应设置在前室。

第四节　建（构）筑物安全疏散

电力建筑的安全疏散主要设施包括封闭楼梯间、防烟楼梯间、防火门、消防应急照明和消防疏散指示系统等。

一、变电站安全疏散主要规定

（1）地上油浸变压器室的门应直通室外；地下油浸变压器室的门应向公共走道方向开启，采用甲级防火门；干式变压器室、电容器室的门应向公共走道方向开启，采用乙级防火门；蓄电池室、电缆夹层、继电器室、通信机房、配电装置室的门应向疏散方向开启；当门外为公共走道或其他房间时，该门应采用乙级防火门。

（2）主控制楼当每层建筑面积小于或等于 400m^2 时，可设置 1 个安全出口；当每层建筑面积大于 400m^2 时，应设置 2 个安全出口。

（3）地下变电站、地上变电站的地下室、半地下室安全出口应不少于 2 个。地下室与地上层必须共用楼梯间时，应在首层采用耐火极限不低于 2h 的不燃烧体隔墙和乙级防火门将地下与地上部分的连通部分完全隔开，并应有明显标志。

（4）当地下层数为 3 层及 3 层以上或地下室内地面与室外出入口地坪高差大于 10m 时，应设置防烟楼梯间。楼梯间应设乙级防火门，并向疏散方向开启。

（5）消防应急照明、疏散指示标志应采用蓄电池直流系统供电，疏散通道应急照明、疏散指示标志的连续供电时间应不少于 30min，继续工作应急照明连续供电时间应不少于 3h。

（6）控制室、通信机房、配电装置室、变压器室、继电器室、消防水泵房、建筑疏散通道和楼梯间应设置应急照明。

（7）地下变电站的疏散通道和安全出口应设灯光疏散指示标志。

（8）疏散通道上灯光疏散指示标志的间距应不大于 20m，一般安装在距地坪 1.0m 以下处；疏散照明灯具应设置在出入口的顶部或侧边墙面的上部。

二、调度大楼安全疏散主要规定

（1）公共建筑内每个防火分区或一个防火分区的每个楼层，其安全出口的数量应经计算确定，且不应少于 2 个。

（2）一类高层公共建筑和建筑高度大于 32m 的二类高层公共建筑，其疏散楼梯应采用防烟楼梯间。

（3）房间的疏散门数量不应少于 2 个。符合下列条件之一的房间可设置 1 个：①位于两个安全出口之间，建筑面积不大于 120m^2；②走道尽端，建筑面积小于 50m^2 且门的净宽不小于 0.90m，或由房间内任一点至门的直线距离不大于 15m、建筑面积不大于 200m^2 且门的净宽不小于 1.40m。

（4）疏散距离：高层民用建筑位于两个安全出口之间的疏散门应不大于 40m；位于走道尽端的房间的疏散门应不大于 20m。

（5）安全出口净宽度：高层公共建筑内楼梯间的首层疏散门、首层疏散外门、疏散楼梯的净宽度应不小于 1.2m；单面布房的走道最小净宽度应不小于 1.3m；双面布房的走道最小净宽度应不小于 1.4m。

（6）封闭楼梯间、防烟楼梯间及其前室、消防电梯间的前室或合用前室、公共建筑内的疏散走道应设置疏散照明；疏散照明灯具应设置在出口的顶部、墙面的上部或顶棚上。

（7）公共建筑应设置灯光疏散指示标志，并应符合下列规定：①设置在安全出口的疏散门的正上方；②应设置在疏散走道及其转角处距地面高度 1.0m 以下的墙面或地面上，灯光疏散指示标志的间距不应大于 20m；对于袋形走道，不应大于 10m，在走道转角区不应大于 1.0m。

（8）建筑内消防应急照明和灯光疏散指示标志的备用电源的连续供电时间：高度大于 100m 的民用建筑，不应小于 1.5h；总建筑面积大于 100000m^2 的公共建筑和总建筑面积大于 20000m^2 的地下、半地下建筑不应少于 1.0h；其他建筑不应少于 0.5h。

三、发电厂安全疏散主要规定

（1）汽机房、除氧间、煤仓间、锅炉房、集中控制楼、室内煤场的安全出口均不少于 2 个。上述安全出口可利用通向相邻车间的乙级防火门作为第二安全出口，但每个车间地面层至少必须有 1 个直通室外的安全出口。

（2）汽机房、除氧间、煤仓间、锅炉房最远工作地点的疏散距离应不大于 75m，集中控制楼最远工作地点的疏散距离应不大于 50m。主控制楼、配电装置楼各层及电缆夹层的安全出口不应少于 2 个。配电装置楼的疏散距离不应超过 30m。配电装置室房间内任一点到房间疏散门的直线距离不应大于 15m。

（3）主厂房至少应有 1 个能通至各层和屋面且能直接通向室外的封闭楼梯间，集中控制楼至少应设置 1 个通至各层的封闭楼梯间。

（4）主厂房室外楼梯的净宽不小于 0.9m，室内楼梯净宽不小于 1.1m，疏散走道的净宽不小于 1.4m，疏散门的净宽不小于 0.9m。

（5）集中控制室的房间疏散门不应少于 2 个，当房间位于两个安全出口之间且建筑面积小于等于 120m^2 时可设置 1 个。

（6）电缆隧道两端均应设通往地面的安全出口，当其长度超过 100m 时，安全出口的间距不应超过 75m。

（7）单机容量为 200MW 及以上燃煤电厂的主控室或集控室及柴油发电机房的应急照明应采用蓄电池直流系统供电。当难以从蓄电池或保安电源取得应急照明电源时，主厂房出入口、通道、楼梯间及远离主厂房的重要工作场所的应急照明应采用自带电源的应急灯。其他场所的应急照明应按保安负荷供电。

（8）远离主厂房的重要工作场所的应急照明可采用应急灯。

（9）主厂房、生产办公楼、脱硫电气楼、有人员值守的辅助建筑物以及电缆夹层应沿疏散走道及其转角处以及安全出口设置灯光疏散指示标志，其设置要求和调度大楼一致。

第十章　建（构）筑物构造防火

建（构）筑物构造防火主要是指通过各种防火构件的组合来实现建（构）筑物与外界的防火分隔或者内部防火分区的划分。

第一节　建（构）筑物构造防火措施

对建（构）筑物进行防火分区的划分是通过防火分隔构件来实现的，具有阻止火势蔓延的作用。能把整个建筑空间划分成若干较小防火空间的建筑构件称防火分隔构件。防火分隔构件可分为固定式和可开启关闭式两种，固定式包括普通砖墙、楼板、防火墙等，可开启关闭式包括防火门、防火窗、防火卷帘、防火水幕等。

一、防火墙

防火墙是防止火灾蔓延至相邻建筑或相邻水平防火分区且耐火极限不低于 3h 的不燃性墙体。

防火墙是分隔水平防火分区或防止建筑间火灾蔓延的重要分隔构件，对于减少火灾损失具有重要作用。防火墙能在火灾初期和灭火过程中，将火灾有效地限制在一定空间内，阻断火灾从防火墙一侧蔓延到另一侧。

二、防火卷帘

防火卷帘是在一定时间内，连同框架能满足耐火稳定性和完整性要求的卷帘，由帘板、卷轴、电动机、导轨、支架、防护罩和控制机构等组成。防火卷帘外观如图 10–1 所示。

图 10–1　防火卷帘

防火卷帘一般设置在电梯厅、自动扶梯周围，中庭与楼层走道、过厅相通的开口部位，生产车间中大面积工艺洞口以及设置防火墙有困难的部位等。

三、防火门窗

（一）防火门

防火门是指具有一定耐火极限，且在发生火灾时能自行关闭的门。建筑中设置的防火门应保证门的防火和防烟性能符合 GB 12955—2008《防火门》的有关规定，并经消防产品质量检测中心检测试验认证后才能使用。防火门结构如图 10–2 所示。

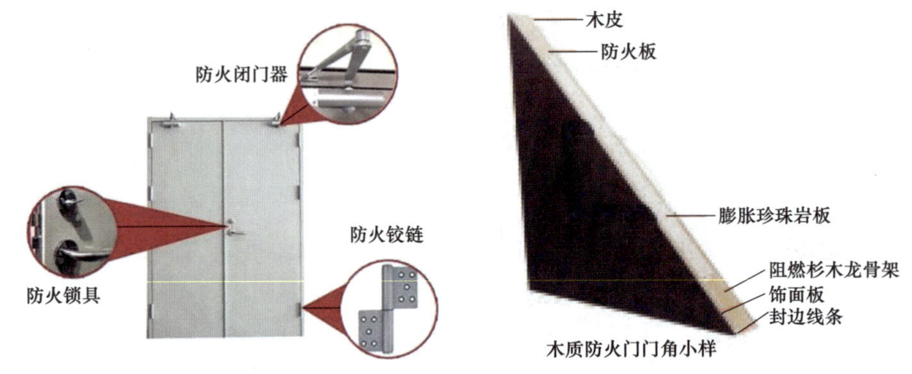

图 10–2　防火门结构

（二）防火窗

防火窗是采用钢窗框、钢窗扇及防火玻璃制成的，能起到隔离和阻止火势蔓延的窗，一般设置在防火间距不足部位的建筑外墙上的开口或天窗，建筑内的防火墙或防火隔墙上需要观察等部位以及需要防止火灾竖向蔓延的外墙开口部位。防火窗外观如图 10–3 所示。

图 10–3　防火窗

四、防火分隔水幕

防火分隔水幕可以起到防火墙的作用，在某些需要设置防火墙或其他防火分隔物而无法设置的情况下，可采用防火水幕进行分隔。防火分隔水幕外观如图 10–4 所示。

图 10–4　防火分隔水幕

五、防火阀

防火阀是在一定时间内能满足耐火稳定性和耐火完整性要求，用于管道内阻火的活动式封闭装置。空调、通风管道一旦窜入烟火，就会导致火灾大范围蔓延。因此，在风道贯通防火分区的部位（防火墙）必须设置防火阀。防火阀外观如图 10–5 所示。

防火阀平时处于开启状态，发生火灾时，当管道内烟气温度达到 70℃时，易熔合金片就会熔断断开，防火阀就会自动关闭。

图 10–5　防火阀

六、排烟防火阀

排烟防火阀是安装在排烟系统管道上起隔烟、阻火作用的阀门。它在一定时间内能满足耐火稳定性和耐火完整性的要求，具有手动和自动功能。当管道内的烟气达到280℃时，排烟防火阀自动关闭。排烟防火阀外观如图 10–6 所示。

排烟防火阀设置在排烟管道进入排风机房处、穿越防火分区的排烟管道上、排烟系统的支管上。

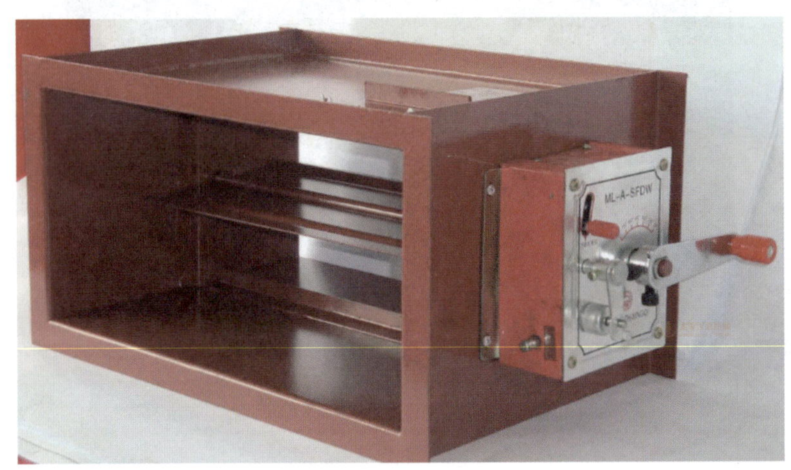

图 10–6　排烟防火阀

第二节　建（构）筑物防火封堵措施

一、一般构件防火封堵

由于建（构）筑物功能和内部操作的需要，许多管线需要贯穿通过建筑的楼板和墙体，如采暖通风和空气调节系统管道、上下水管道、热力管道、电缆和其他管道；还有一些建筑缝隙，如楼板和墙体之间、墙体与墙体之间等。这些贯穿孔口、建筑缝隙可以导致火势和烟气在建筑中蔓延。

为了保持防火分隔构件的结构完整性，使构件的防火能力不致削弱，防火分隔构件上的贯穿孔口、空开口、环形间隙以及建筑缝隙应采取行之有效的防火封堵方法进行保护。这对防止烟和火焰在建筑物中蔓延具有重要作用。

建（构）筑物防火封堵主要包括贯穿防火封堵和建筑缝隙防火封堵。其中，贯穿防火封堵主要包括管道贯穿孔口的防火封堵、导线管和电缆贯穿孔口的防火封堵、其他贯穿孔口的防火封堵；建筑缝隙防火封堵主要包括楼板与楼板之间，楼板与防火分隔墙体侧面之间，防火分隔墙体之间，建筑幕墙与楼板、窗间墙或窗槛墙之间的建筑缝隙防火封堵。

穿楼板处防火封堵外观如图 10-7 所示，具体防火封堵措施参考 CECS 154：2003《建筑防火封堵应用技术规程》。

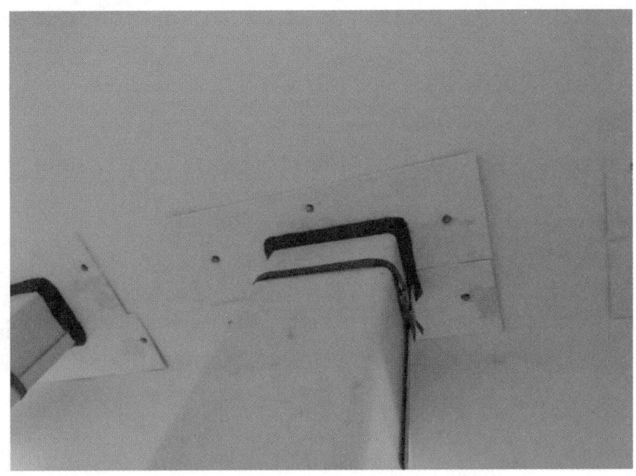

图 10-7　穿楼板处防火封堵

二、电缆防火封堵

电力场所中防火封堵的典型应用为电缆的防火封堵。

电缆防火封堵主要包括电缆穿墙防火封堵，电缆穿楼板防火封堵，电缆进盘、柜、箱防火封堵，电缆桥架防火封堵，电缆竖井防火封堵，电缆隧（沟）道防火封堵，电缆穿保护管防火封堵，电力电缆中间接头防火封堵等。

电缆通道防火封堵如图 10-8 所示，具体防火封堵的措施规定可参考 DL/T 5707—2014《电力工程电缆防火封堵施工工艺导则》。

图 10-8　电缆通道防火封堵

第三节 带油电气设备特殊防火要求

一、防火间距

（1）单台油量为 2500kg 及以上的屋外油浸变压器之间、屋外油浸电抗器之间的最小间距应符合表 10–1 的规定。

表 10–1 屋外油浸变压器之间、屋外油浸电抗器之间的最小间距

电压等级	最小间距（m）	电压等级	最小间距（m）
35kV 及以下	5	220kV 及 330kV	10
66kV	6	500kV 及 750kV	15
110kV	8	1000kV	17

（2）当油量为 2500kg 及以上的屋外油浸变压器之间、屋外油浸电抗器之间的防火间距不能满足要求时，应设置防火墙。防火墙的高度应高于变压器储油柜，其长度超出变压器的储油池两侧，应不小于 1m。

（3）油量为 2500kg 及以上的屋外油浸变压器或高压电抗器与油量为 600kg 以上的带油电气设备之间的防火间距应不小于 5m。

（4）总油量为 2500kg 及以上的并联电容器组或箱式电容器，相互之间的防火间距应不小于 5m，当间距不满足该要求时应设置防火墙。

二、防火分隔

（1）总油量超过 100kg 的屋内油浸变压器应设置单独的变压器室。

（2）35kV 及以下屋内配电装置未采用金属封闭开关设备时，其油断路器、油浸电流互感器和电压互感器应设置在两侧有不燃烧实体墙的间隔内；35kV 以上屋内配电装置应安装在有不燃烧实体墙的间隔内，不燃烧实体墙的高度不应低于配电装置中带油设备的高度。

（3）屋内单台总油量为 100kg 以上的电气设备应设置挡油设施及将事故油排至安全处的设施。挡油设施的容积通常按油量的 20% 设计。

（4）户外单台油量为 1000kg 以上的电气设备应设置贮油或挡油设施，其容积通常按设备油量的 20% 设计，并能将事故油排至总事故贮油池。总事故贮油池的容量应按其接入的油量最大的单台设备确定，并设置油水分离装置。当不能满足上述要求时，应设置能容纳相应电气设备全部油量的贮油设施，并设置油水分离装置。

（5）贮油或挡油设施应大于设备外廓每边各 1m。贮油设施内应铺设卵石层，其厚度不应小于 250mm，卵石直径通常为 50~80mm。

（6）地下变电站的变压器应设置能贮存最大一台变压器油量的事故贮油池。

第十一章　日常防火检查巡查

根据国家及国家电网公司的相关要求，电力生产场所及非生产场所每日均应进行防火巡查，定期开展防火检查。针对变电站、换流站、调度大楼等不同类型的场所，防火检查巡查的重点也不尽相同。

第一节　总平面布局检查巡查

一、防火间距检查巡查

（1）查看建筑周边，无违章搭建或堆放可燃物占用原有防火间距的情况。

（2）用卷尺、测距仪等测量建筑之间的防火间距，测量结果应满足第八章第二节所述的防火间距要求。

二、消防车道检查巡查

（1）消防车通道出入口应保持畅通，无固定路障，不应锁闭；消防车通道上不应停车或放置其他障碍物以影响消防车正常通行。

（2）查看消防车道与建筑之间，不应设置妨碍消防车操作的树木、架空管线等障碍物。

（3）测量消防车道的宽度与净空高度，应不小于4m。消防车道检查内容如图11-1所示。

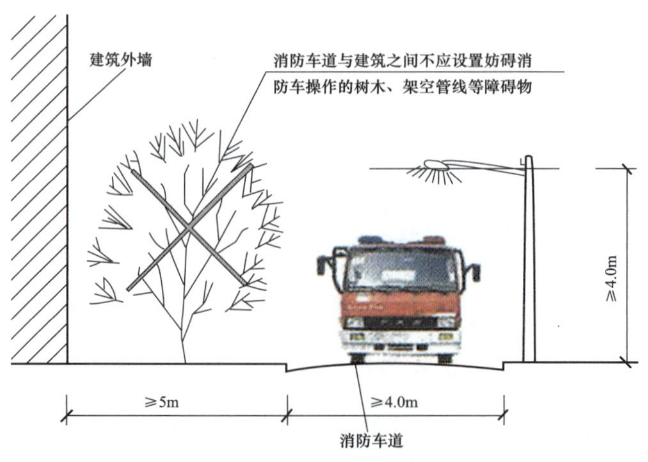

图11-1　消防车道检查内容

三、消防登高操作场地检查巡查

（1）登高操作场地应划线明确，管理规范，不得挪作他用。

（2）测量消防登高操作场地的长度、宽度应与建筑物性质相符，具体要求可参见第二章第二节。

（3）消防登高操作场地范围内的裙房、雨棚进深不应大于4m。登高操作场地如图11–2所示。

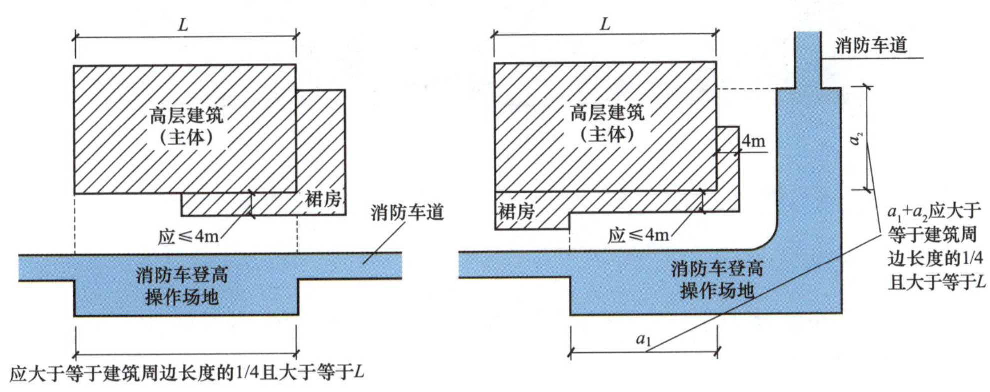

图11–2　消防登高操作场地示意图

（4）消防登高操作场地与建筑之间不应设有妨碍消防车操作的树木、架空管线等。

（5）在建筑物与消防车登高操作场地相对应的范围内，应设置直通室外的楼梯或直通楼梯间的入口。

（6）对于调度大楼，其外墙还应在每层的适当位置设置可供消防救援人员进入的窗口。供消防救援人员进入的窗口的净高度和净宽度均不应小于1.0m，下沿距室内地面不宜大于1.2m，间距不宜大于20m且每个防火分区不应少于2个，设置位置应与消防车登高操作场地相对应。窗口的玻璃应易于破碎，并应设置可在室外易于识别的明显标志。

第二节　防火分隔设施检查巡查

一、防火卷帘

（1）防火卷帘外观状态良好，无破损，如图11–3所示。

（2）通过防火卷帘手动控制盒控制防火卷帘升降正常。

（3）通过火灾报警控制器上的总线控制盘启动防火卷帘，防火卷帘应能正常降落，火灾报警控制器上应显示防火卷帘降落的反馈信息。

（4）防火卷帘下方不应堆放杂物，防火卷帘周边及侧向导轨不应有影响防火卷帘升降的障碍物。

图 11-3　防火卷帘外观状态良好

（5）防火卷帘与楼板、梁、墙、柱之间的空隙采用防火封堵材料封堵。

二、防火门

（1）防火门外观状态良好，无破损，能够严密关闭。常闭式防火门应处于关闭状态。

（2）防火门闭门器组件齐全、外观完好。打开防火门后松开，闭门器应能使防火门自动关闭。

（3）多扇防火门应安装有顺位器，顺位器应组件齐全、外观完好，打开防火门的两个门扇后松开，顺位器应能够使门扇按顺序关闭严密。

（4）钢制防火门门框应采用水泥砂浆灌浆封堵，如图 11-4 所示。

图 11-4　钢制防火门门框采用了水泥砂浆灌浆封堵

（5）防火门与墙体的缝隙应采用不燃性防火封堵材料封堵良好，如水泥、砂浆等，不应采用泡沫填缝剂。

（6）防火门门框和门扇交接处的防烟密封条应完整牢固，不应有脱落现象，如图 11-5 所示。

图 11-5　防火门的防烟条外观完整，无脱落现象

（7）查看防火门结构完整性，不应对防火锁、防火猫眼进行换装，不应有在防火门上加装通风百叶、普通玻璃观察窗以破坏完整性的情况。

（8）常开式防火门的开启、关闭信号应能在防火门监控器上显示，且能控制常开式防火门的自动关闭。

第三节　疏散通道防火检查巡查

一、疏散通道

（1）建筑内的疏散通道应保持畅通，不应有截断、封堵疏散通道的现象。

（2）地上走道的顶棚应采用不燃材料装修，墙面和地面应采用难燃或不燃材料装修；地下走道的顶棚、墙面、地板都应采用不燃材料装修。

二、应急照明灯、疏散指示标志灯

（1）应急照明灯、疏散指示标志外观状态良好，无损坏、故障现象。

（2）疏散指示标志灯指示方向应与疏散方向一致。

（3）应急照明灯、疏散指示标志不应采用插头取电。

（4）持续型标志灯具的光源均处于点亮状态。

（5）灯具的指示灯显示正常：主电指示灯应亮起，报警指示灯应熄灭，故障指示灯应熄灭。位于疏散指示灯侧面的指示灯与测试按钮如图 11-6 所示。注意：一些具有自动巡检功能的灯具，本身具有定期自动充放电功能，若发现其主电指示灯熄灭，可能是处于自动放电状态，可在几个小时后或次日对其进行二次检查。

图 11-6　位于疏散指示灯侧面的指示灯与测试按钮

（6）按下灯具的测试按钮，灯具应能正常点亮。

第四节　电缆通道防火检查巡查

一、电缆沟、电缆夹层与电缆竖井

（1）电缆穿越防火墙处的缝隙应采用防火封堵材料封堵密实，防火封堵材料外观状态良好，无脱落、开裂现象，如图 11-7 所示。

图 11-7　电缆穿越防火墙处封堵情况良好

（2）电缆穿越防火封堵处时，应在两侧涂刷防火涂料。涂料应涂刷均匀，无剥落、开裂现象，涂刷长度应不小于 1.5m，涂刷厚度应不小于 1mm，如图 11-8 所示。

图 11-8　防火涂料涂刷不均匀

（3）电缆竖井内，每间隔不大于 7m 应对电缆进行一次防火分隔与封堵；附设在建筑内的电缆竖井，应在每层楼板处进行防火分隔与封堵。

（4）电缆上缠绕的防火包带应采用半搭接方式缠绕。

二、电缆隧道

（1）测量电缆隧道防火分区长度，应每隔不大于 100m 设置一道防火墙或防火门，对于电缆密集的电缆隧道，该长度不应大于 60m。防火墙应结构完整，防火门应外观完好，能够严密关闭。电缆隧道内的防火门受潮破损如图 11-9 所示。

图 11-9　电缆隧道内的防火门受潮破损

（2）设置有常开式防火门时，门的开启、关闭信号应能在防火门监控器上显示，且能由火灾报警控制器控制常开式防火门自动关闭。

（3）电缆穿越防火墙处应采用防火泥等材料封堵密实，防火封堵材料外观状态良好，无脱落、开裂现象，如图 11-10 所示。

（4）查看防火墙附近的电缆，应在两侧涂刷长度不小于 1.5m、厚度不小于 1mm 的防火涂料，或在防火墙两侧不少于 1m 区段的所有电缆上缠绕防火包带或设置挡火板等设施。

图 11-10 电缆穿越防火墙处的防火措施

（5）查看电缆中间接头处，在两侧电缆各约 3m 区段和该范围并列的其他电缆上缠绕自粘性防火包带，防火包带应采用半搭接缠绕方式，错误情况如图 11-11 所示。

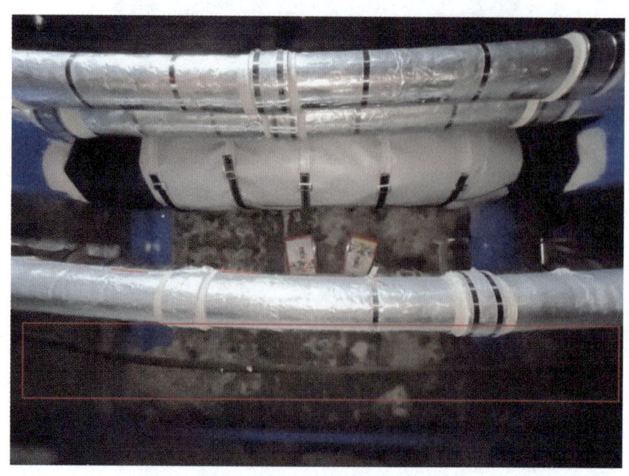

图 11-11 中间接头附近的电缆未缠绕防火包带

第五节　油浸变压器（电抗器）集油坑、事故油池检查巡查

集油坑的面积应超过主变压器本体外廓 1m，如图 11-12 所示。

图 11-12　集油坑的面积超过主变压器本体外廓 1m

未设置排水设施的事故油池，其内部不应有水，如图 11-13 所示。

图 11-13　事故油池

第六节　阀厅防火检查巡查

（1）查看阀厅疏散门的数量，建筑面积超过 250m^2 的阀厅，其疏散门一般不少于 2 个。

（2）查看阀厅疏散门的形式，应采用向疏散方向开启的平开门，不应采用推拉门、卷帘门、吊门等。

（3）对于 ±800kV 换流站，还应注意以下要求：

1）每极阀厅零米层应至少设置 2 个出入口，一个出入口应直通室外并与站区主要道路衔接，另一个出入口通常与控制楼连通。

2）阀厅疏散门不应小于 1.0m（宽）× 2.1m（高）。

3）与控制楼连通的门应向控制楼方向开启，应采用耐火极限不应低于 1.20h 的甲级防火门。

4）阀厅与控制楼之间应设置固定式观察窗，观察窗应采用耐火极限不低于 1.20h 的甲级防火窗。

5）阀厅与换流变压器、油浸式平波电抗器之间应采用防火墙进行分隔，防火墙的耐火极限不应低于 3.00h，其他部位梁、柱和屋盖等承重构件可采用无防火保护的钢结构。

6）阀厅防火墙上的换流变压器、油浸式平波电抗器套管开孔应采用复合防火板进行封堵，复合防火板耐火极限不应低于 3.00h。

7）阀厅与控制楼之间墙体上的管线开孔与管线之间的缝隙应采用防火封堵材料封堵密实，封堵材料的耐火极限应不低于 3.00h。

8）阀厅其他无防火要求墙体上的设备或管线开孔与设备或管线之间的缝隙一般采用非燃烧或难燃烧材料进行封堵。

第七节　蓄电池室防火检查巡查

（1）蓄电池室应采用实体墙与建筑内的其他场所进行分隔。

（2）蓄电池室开向建筑内走道和其他场所的门应为乙级防火门。设计审核时间在 2019 年 8 月 1 日之前的，可为钢质门或丙级防火门。错误情况如图 11-14 所示。

图 11-14　蓄电池室未使用乙级防火门

（3）蓄电池室内不应设置插座和开关。错误情况如图 11–15 所示。

（4）蓄电池室内设置的照明灯具、空调、火灾探测器、排风扇等电气设备应为防爆产品，且防爆等级应为Ⅱ C 级。但当蓄电池室内通风良好（设有主备风机，通风量满足 6 次 /h，可视为通风良好）时，蓄电池室内的电气设备除风机外可不作防爆要求。错误情况如图 11–16 所示。

图 11–15　蓄电池室内不应设置插座

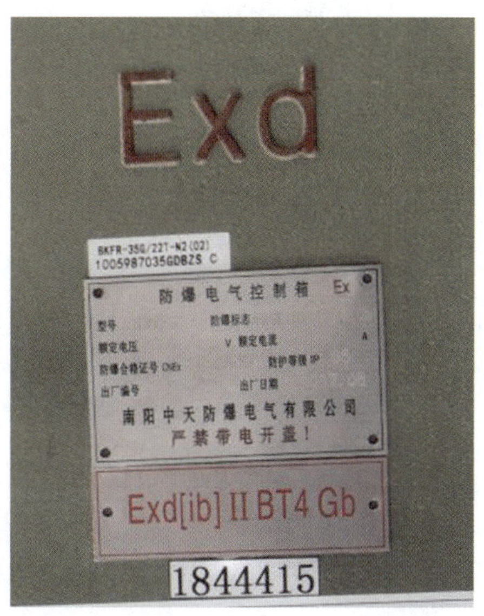

图 11–16　蓄电池室内选用了防爆等级为Ⅱ B 级的电气设备

（5）蓄电池室内设置的排风口与顶棚间距应不大于 0.1m，如图 11–17 所示。设计审核时间在 2019 年 8 月 1 日之前的蓄电池室，排风口与顶棚间距可不大于 0.3m。

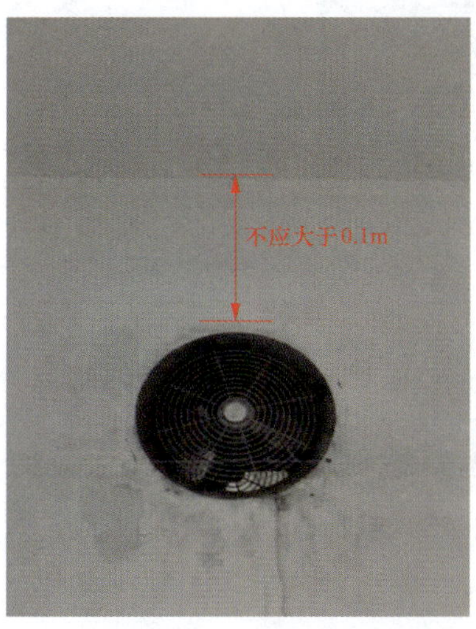

图 11–17　蓄电池室排风口与顶棚间距应不大于 0.1m

（6）查看管道、线路穿墙处的封堵情况，应用防火泥等材料严密封堵，如图 11-18 所示。

图 11-18　空调冷凝管穿墙处采用防火泥严密封堵

（7）查看蓄电池室内电线敷设情况，绝缘导线必须敷设于钢管内，如图 11-19 所示。不应采用胶带缠绕或敷设于塑料线槽内，不应有裸露的电线接头，如图 11-20 所示。

图 11-19　蓄电池室内的导线应穿入钢管

图 11-20　蓄电池室内不应有裸露的电线接头

第三篇

电力场所消防安全管理

消防安全管理就是指对各类消防事务的管理，其具体含义通常是指依照消防法律法规及相关的规章制度，运用科学的管理原理和方法，通过各种消防管理职能，有效利用各种管理资源，确保消防安全管理工作有序、有效进行，将发生火灾的危险及发生火灾后的危险性降到最低。

第十二章　电力场所消防控制室

消防控制室是设有火灾自动报警控制设备和消防控制设备，用于接收、显示、处理火灾报警信号，控制相关消防设施的专门处所，是日常消防管理工作的中枢核心。因此，确保消防控制室的可靠运行和有效管理，对保障电力场所的消防安全意义重大。本章将对消防控制室应建立的规章制度、值班应急程序以及应保存的档案资料等进行说明。

第一节　消防控制室规章制度

一、消防控制室管理要求

（1）应实行每日 24h 专人值班制度，每班不应少于 2 人，值班人员应持有消防控制室操作职业资格证书。

（2）消防设施日常维护管理应符合 GB 25201—2010《建筑消防设施的维护管理》的要求。

（3）应确保火灾自动报警系统、灭火系统和其他联动控制设备处于正常工作状态，不得将处于自动状态的设在手动状态。

（4）应确保高位消防水箱、消防水池、气压水罐等消防储水设施水量充足，确保消防泵出水管阀门、自动喷水灭火系统管道上的阀门常开；确保消防水泵、防排烟风机、防火卷帘等消防用电设备的配电柜启动开关处于自动位置（通电状态）。消防控制室值班现场如图 12–1 所示。

图 12–1　消防控制室值班现场

二、消防控制室的值班应急程序

（1）接到火灾警报后，值班人员应立即以最快方式确认。

（2）火灾确认后，值班人员应立即确认火灾报警联动控制开关处于自动状态，同时拨打“119”报警。报警时应说明着火单位地点、起火部位、着火物种类、火势大小、报警人姓名和联系电话。

（3）值班人员应立即启动单位内部应急疏散和灭火预案，同时报告单位负责人。消防控制室值班记录表如表 12-1 所示。消防报警信号处置程序如图 12-2 所示。

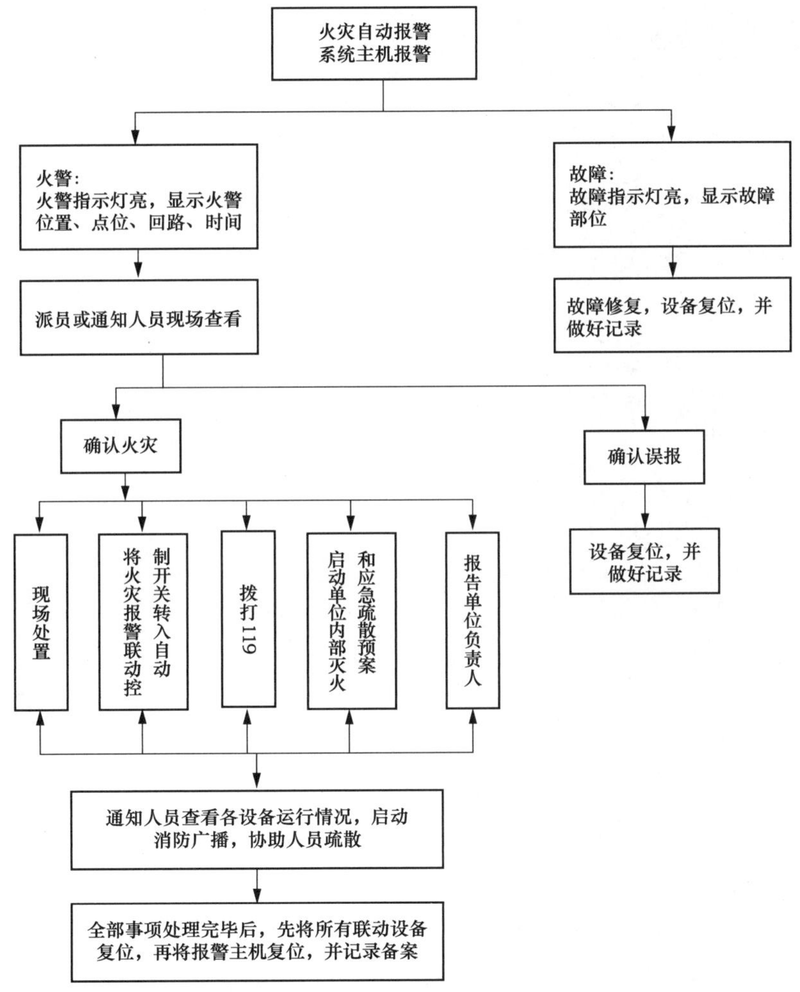

图 12-2　消防报警信号处置程序

表 12-1 消防控制室值班记录表

年 月 日

<table>
<tr><th colspan="7">火灾报警控制器运行情况</th><th rowspan="4">报警、故障部位、原因及处理情况</th><th colspan="5">控制室内其他消防系统运行情况</th><th rowspan="4">报警、故障部位、原因及处理情况</th><th colspan="6">值班情况</th></tr>
<tr><th rowspan="3">正常</th><th rowspan="3">故障</th><th colspan="2">火警</th><th rowspan="3">故障报警</th><th rowspan="3">监管报警</th><th rowspan="3">漏报</th><th rowspan="3">消防系统及其相关设备名称</th><th colspan="2">控制状态</th><th colspan="2">运行状态</th><th>值班员</th><th></th><th>值班员</th><th></th><th>值班员</th><th></th></tr>
<tr><th rowspan="2">火警</th><th rowspan="2">误报</th><th rowspan="2">自动</th><th rowspan="2">手动</th><th rowspan="2">正常</th><th rowspan="2">故障</th><th>时段</th><th></th><th>时段</th><th></th><th>时段</th><th></th></tr>
<tr><th colspan="6">时间记录</th></tr>
<tr><td></td><td></td><td></td><td></td><td></td><td></td><td></td><td></td><td></td><td></td><td></td><td></td><td></td><td></td><td></td><td></td><td></td><td></td><td></td><td></td></tr>
<tr><td></td><td></td><td></td><td></td><td></td><td></td><td></td><td></td><td></td><td></td><td></td><td></td><td></td><td></td><td></td><td></td><td></td><td></td><td></td><td></td></tr>
<tr><td></td><td></td><td></td><td></td><td></td><td></td><td></td><td></td><td></td><td></td><td></td><td></td><td></td><td></td><td></td><td></td><td></td><td></td><td></td><td></td></tr>
</table>

<table>
<tr><td rowspan="6">火灾报警控制器日常检查情况记录</td><td rowspan="2">火灾报警控制器型号</td><td colspan="5">检查内容</td><td>检查时间</td><td>检查人</td><td>故障及处理情况</td></tr>
<tr><td>自检</td><td>消音</td><td>复位</td><td>主电源</td><td>备用电源</td><td></td><td></td><td></td></tr>
<tr><td></td><td></td><td></td><td></td><td></td><td></td><td></td><td></td><td></td></tr>
<tr><td></td><td></td><td></td><td></td><td></td><td></td><td></td><td></td><td></td></tr>
<tr><td></td><td></td><td></td><td></td><td></td><td></td><td></td><td></td><td></td></tr>
<tr><td></td><td></td><td></td><td></td><td></td><td></td><td></td><td></td><td></td></tr>
</table>

交接班内容	交接班时间	交班人	接班人	交接情况	接班情况

三、消防控制室值班制度

（1）消防控制室必须实行每日 24 小时专人值班，每班不应少于 2 人，分工明确。

（2）值班人员应当持证上岗，掌握系统的工作原理和操作规程，熟悉设备按键的功能，能熟练操作系统，熟悉火灾自动报警系统编码表所对应的具体位置。

（3）值班人员应当在岗在位，掌握消防控制室管理及应急程序，实时监控火灾报警及故障情况，处置报警信号，填写消防控制室值班记录。

（4）严格实施交接班，交班时应通报消防设施运行情况，检查火灾报警控制器的自检、消音、复位功能及主备电源切换，记录故障及报警处置等交接情况。

（5）及时报告设备故障情况，协助做好设备的维修保养和故障期间的消防安全工作。

（6）保持消防控制室正常工作秩序，严禁无关人员进入和操作消防设施，主动配合有关部门做好消防设施检查工作。

（7）认真做好消防控制室日常管理档案的收集整理工作，确保档案资料真实完整。

四、消防控制室档案资料

消防控制室内应保存下列纸质和电子档案资料：

（1）建（构）筑物竣工后的总平面布局图、建筑消防设施平面布置图、建筑消防设施系统图及安全出口布置图、重点部位位置图等。

（2）消防安全管理规章制度、应急灭火预案、应急疏散预案等。

（3）消防安全组织结构图，包括消防安全责任人、管理人、专职、义务消防人员等内容。

（4）消防安全培训记录、灭火和应急疏散预案的演练记录。

（5）值班情况、消防安全检查情况及巡查情况的记录。

（6）消防设施一览表，包括消防设施的类型、数量、状态等内容。

（7）消防系统控制逻辑关系说明、设备使用说明书、系统操作规程、系统和设备维护保养制度等。

（8）设备运行状况、接报警记录、火灾处理情况、设备检修检测报告等资料，这些资料应能定期保存和归档。火灾自动报警系统逻辑关系如图 12–3 所示。

说明：

（1）火灾确认是指探测区域内任一手动火灾报警按钮动作，或火灾探测器报警后经人工确认，或同一报警区域两个不同编码的火灾探测器均动作。

（2）消防控制室应能直接启动下列消防设施：①消火栓泵、喷淋泵；②送风口、送风机，排烟阀（口）及排烟风机；③防火卷帘；④消防应急广播（警报装置）；⑤其他设施。

（3）自动喷水灭火系统：报警阀压力开关动作直接连锁自动启动喷淋泵或消防控

制室、水泵房直接启动喷淋泵，消防控制中心显示压力开关、水流指示器及喷淋泵动作信号。

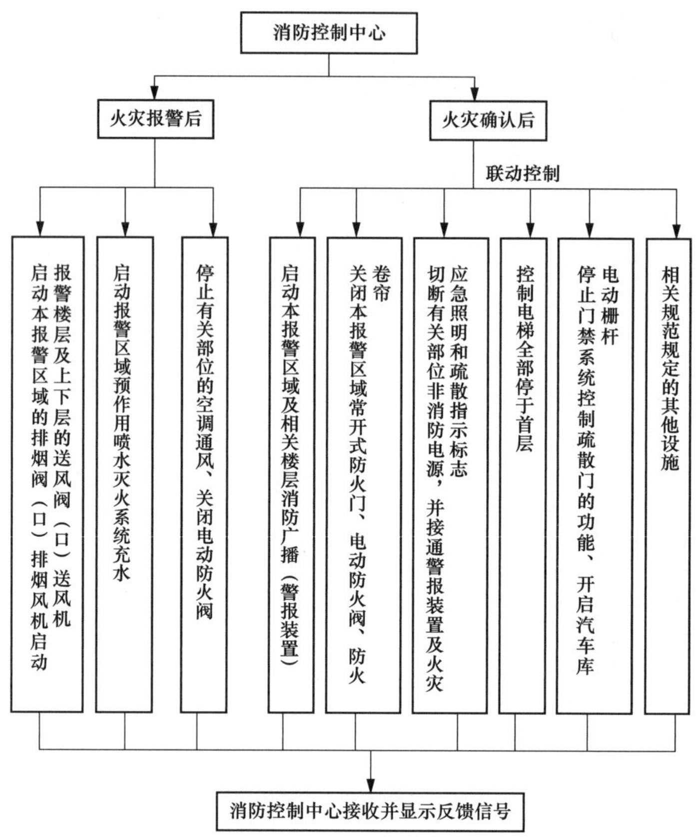

图 12-3　火灾自动报警系统逻辑关系

第二节　消防控制室防火巡查检查

防火巡查、检查是消防安全管理的重要手段之一，可以及时发现单位生产经营活动中可能存在的隐患、有害、危险因素和缺陷等，及时纠正不安全因素和不安全行为，监督各项消防安全规章制度的贯彻执行，以便制定整改措施，消除或控制火灾隐患及有害、危险因素，确保实现消防安全工作方针和目标。

防火巡查和检查时应填写巡查和检查记录，巡查和检查人员及其主管人员应在记录上签名。防火巡查人员应及时纠正违法违章行为，妥善处置火灾危险，无法当场处置的，应当立即报告。发现初起火灾应立即报警并及时扑救。

对于巡查检查中发现的违反或不符合消防法规而导致的各类潜在不安全因素，责任单位应将其认定为火灾隐患，并明确火灾隐患整改责任部门、责任人、整改的期限和所需经费来源。

一、防火巡查的主要内容

（1）用火、用电有无违章情况；

（2）安全出口、疏散通道是否畅通，安全疏散指示标志、应急照明是否完好；

（3）消防设施、器材是否保持工作状态，消防安全标志是否在位、完整；

（4）常闭式防火门是否关闭严密，防火卷帘下是否堆放物品影响防火门的使用；

（5）消防安全重点部位的人员在岗情况；

（6）其他消防安全情况。

二、防火检查的主要内容

（1）火灾隐患的整改情况及防范措施的落实情况；

（2）安全疏散通道、疏散指示标志、应急照明和安全出口情况；

（3）消防车通道、消防水源情况；

（4）灭火器材配置及有效情况；

（5）用火、用电有无违章情况；

（6）重点工种人员和其他员工消防知识的掌握情况；

（7）消防安全重点部位的管理情况；

（8）易燃易爆危险物品和场所防火防爆措施的落实情况以及其他重要物资的防火安全情况；

（9）消防（控制室）值班情况和设施运行、记录情况；

（10）防火巡查情况；

（11）消防安全标志的设置情况和完好、有效情况；

（12）其他需要检查的内容。

防火检查应当填写检查记录。检查人员和被检查部门负责人应当在检查记录上签名。防火巡查记录表如表 12–2 所示，防火检查记录表如表 12–3 所示。

表 12–2　　每日防火巡查记录表　　巡查日期：

时间	用火用电用油用气		安全出口、疏散通道		疏散指示标志、应急照明		消防安全标志、消防设施器材		防火门、防火卷帘		消防安全重点部位人员在岗		其他消防安全情况	具体问题及处理情况	巡查人员签字
	正常	违章	畅通	违章	正常	故障	正常	故障	正常	故障	在岗	脱岗			

表 12–3　　防火检查记录表

检查时间＿＿＿＿＿＿　　参加人员＿＿＿＿＿＿

消防安全制度、消防安全管理措施和消防安全操作规程的执行和落实情况	
用火、用电有无违章情况；新建、改建、扩建及装修工程有无违章	
疏散通道、安全出口和消防车通道是否畅通；消防设施、器材和消防水源是否完好	
消防（控制室）值班人员值班情况，消防安全重点部位管理情况	
灭火和应急疏散预案的制定与演练情况；员工消防知识掌握情况	
防火巡查、火灾隐患整改及防范措施落实情况	
其他消防安全情况	
检查情况上报	
单位负责人意见	
法人代表批示（盖章）	

第十三章　电力场所微型消防站

微型消防站是救早、灭小，以扑救初起火灾为目标，配备必要的消防器材和一定数量消防员的微型消防救援站。一个合格的微型消防站对单位本身及周边社区的初起火灾扑救以及降低火灾蔓延概率等起到关键性的作用。

第一节　微型消防站建设标准

一、建设原则

依照国家消防部门印发的《消防安全重点单位微型消防站建设标准（试行）》，除按照消防法规须建立专职消防队的重点单位外，其他设有消防控制室的重点单位，应以救早、灭小和“3 分钟到场”扑救初起火灾为目标，依托单位志愿消防队伍，配备必要的消防器材，建立重点单位微型消防站，积极开展防火巡查和初起火灾扑救等火灾防控工作。合用消防控制室的重点单位，可联合建立微型消防站。微型消防站设备展示如图 13-1 所示。

图 13-1　微型消防站设备展示图

二、人员配备

（1）微型消防站人员配备不少于 6 人。

（2）微型消防站应设站长、副站长、消防员、控制室值班员等岗位，配有消防车辆的微型消防站应设驾驶员岗位。

（3）站长应由单位消防安全管理人兼任，消防员负责防火巡查和初起火灾扑救工作。

（4）微型消防站人员应当接受岗前培训，培训内容包括扑救初起火灾业务技能、防火巡查基本知识等。

三、站房器材

（1）微型消防站应设置人员值守、器材存放等用房，可与消防控制室合用；有条件的，可单独设置。

（2）微型消防站应根据扑救初起火灾需要，配备一定数量的灭火器、水枪、水带等灭火器材；配置外线电话、手持对讲机等通信器材；有条件的站点可选配消防头盔、灭火防护服、防护靴、破拆工具等器材。

（3）微型消防站应在建筑物内部和避难层设置消防器材存放点，可根据需要在建筑之间分区域设置消防器材存放点。

（4）有条件的微型消防站可根据实际选配消防车辆。

四、岗位职责

（1）站长负责微型消防站日常管理，组织制定各项管理制度和灭火应急预案，开展防火巡查、消防宣传教育和灭火训练；指挥初起火灾扑救和人员疏散。

（2）消防员负责扑救初起火灾；熟悉建筑消防设施情况和灭火应急预案，熟练掌握器材性能和操作使用方法，并落实器材维护保养；参加日常防火巡查和消防宣传教育。

（3）控制室值班员应熟悉灭火应急处置程序，熟练掌握自动消防设施操作方法，接到火情信息后启动预案。

五、值守联动

（1）微型消防站应建立值守制度，确保值守人员 24 小时在岗在位，做好应急准备。

（2）接到火警信息后，控制室值班员应迅速核实火情，启动灭火处置程序。消防员应按照“3 分钟到场”要求赶赴现场处置。

（3）微型消防站应纳入当地灭火救援联勤联动体系，参与周边区域灭火处置工作。

六、管理训练

（1）重点单位是微型消防站的建设管理主体，重点单位的微型消防站建成后，应向辖区消防部门备案。

（2）微型消防站应制定并落实岗位培训、队伍管理、防火巡查、值守联动、考核评价等管理制度。

（3）微型消防站应组织开展日常业务训练，不断提高扑救初起火灾的能力。训练内容包括体能训练、灭火器材和个人防护器材的使用等。

第二节　微型消防站建设相关细则

需要注意的是，在国家消防部门印发有关微型消防站建设要求的基础上，浙江省消防总队于2020年印发了《浙江省单位微型消防站建设标准》，该文件对微型消防站的建设作出了更具体、更详细的说明与规定，具体如下。

一、微型消防站分级

单位微型消防站分为三档：

（1）属于火灾高危单位的重点单位，应建立三星级微型消防站，其中采用木结构或者砖木结构的全国重点文物保护单位可因地制宜建立。

（2）设有独立消控室、员工人数在10人（含）以上的重点单位，应建立二星级微型消防站。

（3）其他重点单位，应建立一星级微型消防站。

（4）同一建筑内多个重点单位共用消防控制室的，该建筑可合并在公共部位建立三星级微型消防站，每个重点单位则可建立一星级微型消防站；有统一物业的，宜成立消防区域联防协作组织，以便于在火灾事故发生时更好地采取应急措施。

（5）非重点单位可参照此分级标准建立微型消防站。

二、人员配备

（1）基本要求。单位微型消防站人员配备应满足单位灭火应急处置“1分钟响应启动、3分钟到场扑救、5分钟协同作战”的要求。

（2）岗位设置。单位微型消防站应设站长、消防员等岗位，设有消控室的单位应设消控室操作员，配有消防车辆的单位微型消防站应设驾驶员岗位，可根据单位微型消防站的规模设置班（组）长等岗位，消防员亦可由工作员工兼任。站长一般由单位消防安全管理人担任。

（3）分组编排。微型消防站每班次应设置值班员，负责应急处置指挥；三星级微型消防站每班次在岗人员不应少于5人，其中，能到场参与火灾扑救的在岗人员不应少于4人；二星级微型消防站每班次在岗人员不应少于4人，能到场参与火灾扑救的在岗人员不应少于3人；一星级微型消防站能到场参与火灾扑救的在岗人员不应少于2人。微型消防站值班要求如表13–1所示，微型消防站组织架构图如图13–2所示，队员着装照如图 13-3 所示。

表 13-1　　微型消防站值班要求

岗位	三星级站		二星级站		一星级站	
	设置	人数	设置	人数	设置	人数
值班员	是	≥ 1	是	≥ 1	是	≥ 1
消防员	是	≥ 3	是	≥ 2	是	≥ 1
消控室操作员	是	≥ 1	是	≥ 1	否	—
班组长	视情况决定					
驾驶员	视情况决定					

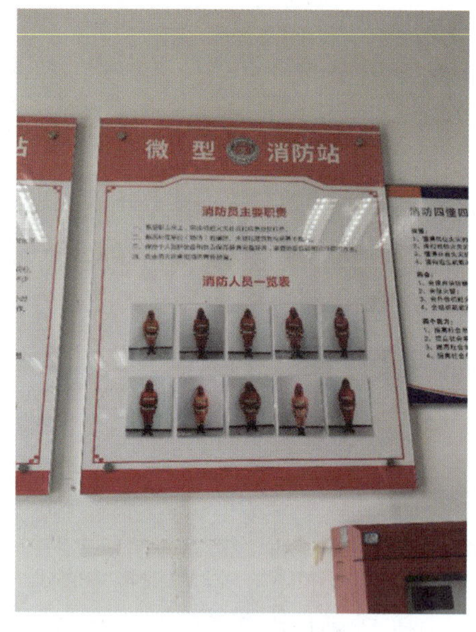

图 13-2　微型消防站组织架构图

图 13-3　队员着装图

三、装备配备

（1）单位微型消防站应根据扑救初起火灾需要，配备一定数量的灭火、通信、防护等器材装备，巡查区域较大的，可配备电瓶车，电瓶车应随车携带灭火器或简易破拆工具。有条件的单位微型消防站可选配消防车辆。消防器材装备应根据灭火救援需要，结合建筑（场所）功能布局、室内（外）消火栓设置，分区域合理设置存放点。

（2）微型消防站队员宜配备统一的工作服，并设置明显标识。消防头盔、消防员灭火防护服、消防员灭火防护靴、消防安全腰带、消防手套、空气呼吸器可根据实际需要选配。生产、储存、经营、使用易燃可燃液体或气体的单位，可根据火灾类别调整灭火器材配置种类。

（3）纵向或横向管理体量大的单位根据实际情况，多点设置执勤战备器材点（2 盘水带、2 把水枪、2 具 4kg ABC 型干粉灭火器）。

微型消防站装备配备参考标准如表 13-2 所示。

表 13-2　　微型消防站装备配备参考标准

序号	类别	器材名称	单位	三星级		二星级		一星级	
				数量	标准	数量	标准	数量	标准
1	灭火器材	水枪	把	2	必配	2	必配	1	必配
2		水带（根据实际配备 80mm/65mm 水带）	盘	5	必配	4	必配	3	必配
3		消火栓扳手	把	2	必配	1	必配	1	必配
4		ABC 型干粉灭火器（4kg 装）	个	10	必配	5	必配	2	必配
5		强光照明灯	个	3	必配	2	必配	1	必配
6	破拆器材	消防斧	把	1	必配	1	必配	1	选配
7		绝缘剪断钳	把	—	选配	—	选配	—	选配
8		电梯钥匙	把	—	选配	—	选配	—	选配
9		铁铤	把	—	选配	—	选配	—	选配
10	个人防护装备	消防头盔	顶	4	选配	3	选配	2	选配
11		消防员灭火防护服	套	4	选配	3	选配	2	选配
12		消防员灭火防护靴	双	4	选配	3	选配	2	选配
13		消防安全腰带	条	4	选配	3	选配	2	选配
14		消防手套	双	4	选配	3	选配	2	选配
15		消防过滤式综合防毒面具	个	4	必配	3	必配	2	选配
16		空气呼吸器	具	2	选配	—	选配	—	选配

续表

序号	类别	器材名称	单位	三星级		二星级		一星级	
				数量	标准	数量	标准	数量	标准
17	通信器材	固定电话（值班室、寝室同号分机）	台	1	选配	1	必配	1	必配
18		受理调度系统	台	1	必配	—	选配	—	选配
19		对讲机	台	3	选配	3	必配	—	选配
20		公网对讲机	台	3	必配	—	选配	—	选配
21		出警视频监控	套	1	必配	—	选配	—	选配

四、站点设置

（1）单位微型消防站选址应遵循“便于出动、全面覆盖”的原则，选择便于人员车辆出动的场地。

（2）生产、储存危险化学品的单位，应尽量将单位微型消防站设置在常年主导风向的上风或侧风方向。

（3）同一建筑内多个重点单位共用消防控制室，且合并建立的三星级微型消防站应设置在公共部位，其他一星级微型消防站应设置在各单位内部。纵向或横向管理体量大的单位，应按照“一站多点”建设模式设置多个值守备勤点。

（4）单位微型消防站应根据本单位事故特点建立专业处置队伍。

（5）单位微型消防站宜设置统一的明显标志，张贴（悬挂）“××（单位名称）微型消防站”标牌。

（6）单位微型消防站应设置必要的办公设施，满足值班需求，并将组织架构、重点人员联系方式等张贴上墙。有条件的单位可配备必要的生活设施。

五、主要职责

单位微型消防站应根据消防安全管理人的统一安排，积极开展日常消防安全检查巡查、灭火应急演练、消防知识宣传。

（一）常态防火检查

（1）单位微型消防站应制定完善日常防火检查巡查、火灾隐患整改制度，明确日常排查、火灾隐患登记、报告、督办、整改、复查等程序。

（2）单位微型消防站应当安排人员开展日常防火检查巡查，根据有关规定和单位实际，确定检查巡查人员、内容、部位和频次。

（3）日常防火检查巡查的主要内容包括油、水、电、气的管理情况，安全出口、疏散通道是否畅通，消防设施器材、消防安全标志是否完好有效，重点部位值班值守情况等。

（4）对防火检查巡查发现的火灾隐患，应立即整改消除，无法当场整改的，要及时报告消防安全管理人。整改期间应采取管控措施，确保消防安全。

（5）单位微型消防站防火检查情况应在纸质或在线系统上如实记录。

（二）快速灭火救援

（1）单位微型消防站应根据本单位实际情况和火灾特点制定完善灭火应急救援行动规程和定期演练制度。

（2）单位微型消防站应定期开展灭火救援器材装备和疏散逃生路线熟悉，确保器材装备完好有效、疏散逃生路线畅通。

（3）单位微型消防站应按照“1 分钟邻近员工先期处置、3 分钟第一灭火力量到场扑救、5 分钟增援力量协同作战”的要求，制定完善灭火应急救援和疏散预案，定期开展训练演练，提高快速反应能力。

（4）“1 分钟响应启动”程序要求：单位微型消防站值班员（消控室值班员）接到火灾报警后，应立即发出火警指令，启动应急响应程序。就近调派火灾发生地点周边员工 1 分钟内到达火灾发生地点进行先期处置。同时，通知单位火灾发生地点相邻楼层或区域的消防员以及微型消防站在岗人员立即出动，并向当地 119 消防指挥中心报警。

（5）“3 分钟到场扑救”程序要求：在接到火警报告或调派指令后，火灾发生地点相邻楼层或区域的消防员或微型消防站队员应在 3 分钟内到达起火发生地点，就近取用消防器材装备，按应急处置程序开展人员疏散、火灾扑救等工作。

（6）“5 分钟协同作战”程序要求：起火单位微型消防站全体值班人员应在 5 分钟内到场参与扑救，加入消防区域联防协作组织的单位微型消防站，在其他单位发生火灾后，应按照“一处着火，多点出动”的要求，根据火警信息或调派指令，5 分钟内启动联动响应，携带灭火救援装备赶赴起火地点协同作战。消防救援站到场后，单位微型消防站应服从消防救援机构的统一指挥，协助开展处置。

（7）消防区域联防协作的单位微型消防站应建立信息互通机制，遇有火情可及时联络，通知到场增援。宜确定一个三星级消防站作为组织单位，每季度组织不少于一次的联动演练。

（8）灭火应急救援演练、处置情况应在纸质或在线系统上如实记录。

（三）有效消防宣传

（1）单位应制定完善消防宣传和教育培训制度，将微型消防站作为消防宣传主要力量。

（2）单位应定期向单位员工宣传消防知识，开展防火提醒提示以及应急处置逃生培训授课。通过单位微信群，定期发送消防安全内容，发生火灾时辅助提醒疏散。

（3）单位应定期组织员工进行消防安全教育培训，对新上岗和进入新岗位的员工要开展岗前消防培训，使全体员工达到“一懂三会”的要求。

（4）消防宣传和教育培训情况应在纸质或在线系统上记录。

六、运行机制

（一）日常管理

（1）微型消防站站长是各项规章制度贯彻落实的具体执行者，应加强教育学习组织，做好日常监督管理，确保正规有序。

（2）微型消防站应主动掌握建筑改造施工、消防设施变动等涉及灭火救援有关情况，及时报消防救援大队备案。

（3）单位应制定完善微型消防站日常管理、训练、保障制度。

（4）单位微型消防站应根据有关制度，加强日常管理，定期开展针对本单位火灾特点的初起火灾扑救训练、培训或演练。

（5）单位微型消防站的运行经费、队员工资待遇、社会保险等由单位负责。多个单位共用消控室合建微型消防站，要互相签订协议，明确权利义务。

（6）单位微型消防站建成后，应及时报当地消防救援大队，由消防救援大队统一编号并登记相关信息。单位微型消防站人员、装备有调整的，应及时报当地主管消防救援大队。

（7）单位微型消防站应加强档案资料建设，有关建设情况、活动记录应及时存档。

（二）值班备勤

（1）单位微型消防站应制定完善值班备勤制度。根据实际情况提前划定值班备勤地点，落实必要保障措施，确保队员值班备勤期间不离开任务区域，随时做好出动准备。

（2）营业期间，单位微型消防站应科学分班编组，合理安排执勤力量，严格落实值班（备勤），确保战斗力。非营业期间，应落实人员值班巡查。

（3）“一楼多站”模式下的单位微型消防站应主动加入消防区域联防协作组织，配合做好有关活动，定期开展联勤联训。

（三）指挥调度

（1）为提高火灾处置效率，本着“统一接警、分类处警”的原则，鼓励单位微型消防站安装受理调度系统，安装系统的微型消防站向当地消防救援大队提出连入 119 消防接处警系统的书面申请，由当地消防救援支队统一增设通信专线。微型消防站连入 119 消防接处警系统后，应当及时接收并确认消防救援队伍的指挥调度信息，实现 119 消防指挥中心与单位微型消防站更及时、快速、有效的沟通。

（2）单位微型消防站应制定完善灭火救援调度指挥和通信联络程序。微型消防站与队员应时刻保持通信联络畅通并定时开展通信测试，确保遇有警情时能第一时间通知到每名值班备勤人员。当地消防救援支队出警时，应当统一视频监控的功能要求，鼓励单位微型消防站在适当位置安装出警视频监控。

（3）三星级单位微型消防站应立足区域联防协作，纳入消防救援机构的统一调度，119 消防指挥中心每周测试微型消防站受理调度系统，定期开展拉动演练。

（4）单位微型消防站应接受消防区域联防协作组织的调派，协助参与消防区域联防协作组织内其他单位的灭火应急处置。

第十四章　电力场所消防安全责任制

消防安全责任制是消防安全管理制度中最根本的制度，只有明确了单位消防安全责任人、消防安全管理人及各级消防管理人员的消防安全职责，层层落实消防安全责任，签订责任书，才能确保各岗位的消防管理工作有序进行。本章将对消防安全责任制的概念、落实以及消防责任制的追究等进行阐述。

第一节　消防安全责任制概述

（1）根据《消防法》《机关、团体、企业、事业单位消防安全管理规定》《国务院办公厅关于印发消防安全责任制实施办法的通知》等法律法规和规范性文件，机关、团体、企业、事业等单位是消防安全的责任主体，法定代表人、主要负责人或实际控制人是本单位、本场所消防安全责任人，对本单位、本场所消防安全全面负责。具体履行以下职责：

1）明确各级、各岗位消防安全责任人及其职责，制定本单位的消防安全制度、消防安全操作规程、灭火和应急疏散预案。至少每年组织一次灭火和应急疏散演练，进行消防工作检查考核，保证各项规章制度落实。

2）保证防火检查巡查、消防设施器材维护保养、建筑消防设施检测、火灾隐患整改、专职或志愿消防队和微型消防站建设等消防工作所需资金的投入。生产经营单位安全费用应当保证适当比例用于消防工作。

3）按照相关标准配备消防设施、器材，设置消防安全标志，定期检验维修，对建筑消防设施每年至少进行一次全面检测，确保完好有效。设有消防控制室的，实行 24 小时值班制度，每班不少于 2 人，并持证上岗。

4）保障疏散通道、安全出口、消防车通道畅通，保证防火防烟分区、防火间距符合消防技术标准。人员密集场所的门窗不得设置影响逃生和灭火救援的障碍物。保证建筑构件、建筑材料和室内装修装饰材料等符合消防技术标准。

5）至少每月进行一次防火检查，及时消除火灾隐患。

6）根据需要建立专职或志愿消防队、微型消防站，加强队伍建设，定期组织训练演练，加强消防装备配备和灭火药剂储备，建立与消防队联勤联动机制，提高扑救初起火灾能力。

7）消防法律、法规、规章以及政策文件规定的其他职责。

（2）确定为消防安全重点单位的，除履行上述职责外，还应当履行下列职责：

1）明确承担消防安全管理工作的机构和消防安全管理人并报知当地消防部门，组织实施本单位消防安全管理。消防安全管理人应当经过消防培训。

2）建立消防档案，确定消防安全重点部位，设置防火标志，实行严格管理。

3）安装、使用电器产品、燃气用具和敷设电气线路、管线必须符合相关标准和用电、用气安全管理规定，并定期维护保养、检测。

4）实行每日防火巡查，并建立巡查记录。

5）组织员工进行岗前消防安全培训，对每名员工应当至少每年进行一次消防安全培训，至少每半年进行一次疏散演练。

6）根据需要建立微型消防站，积极参与消防安全区域联防联控，提高自防自救能力。

7）积极应用消防远程监控、电气火灾监测、物联网技术等技防物防措施。

（3）对容易造成群死群伤火灾的人员密集场所、易燃易爆单位和高层、地下公共建筑等火灾高危单位，除履行上述规定的职责外，还应当履行下列职责：

1）定期召开消防安全工作例会，研究本单位消防工作，处理涉及消防经费投入、消防设施设备购置、火灾隐患整改等重大问题。

2）鼓励消防安全管理人取得注册消防工程师执业资格，消防安全责任人和特殊工种人员须经消防安全培训；自动消防设施操作人员应取得建（构）筑物消防员资格证书。

3）专职消防队或微型消防站应当根据本单位火灾危险特性配备相应的消防装备器材，储备足够的灭火救援药剂和物资，定期组织消防业务学习和灭火技能训练。

4）按照国家标准配备应急逃生设施设备和疏散引导器材。

5）建立消防安全评估制度，由具有资质的机构定期开展评估，评估结果向社会公开。

6）参加火灾公众责任保险。

第二节　消防安全责任的落实

消防安全责任的落实是一项系统工程，需要构建逐级岗位责任体系，明晰各级各岗位消防安全职责。

一、消防安全责任人职责

法人单位的法定代表人或非法人单位的主要负责人为本单位的消防安全责任人，对本单位的消防安全工作全面负责。

单位的消防安全责任人应当履行下列消防安全职责：

（1）贯彻执行消防法规，保障单位消防安全符合规定，掌握本单位的消防安全情况；

（2）将消防工作与本单位的生产、科研、经营、管理等活动统筹安排，批准实施年度消防工作计划；

（3）为本单位的消防安全提供必要的经费和组织保障；

（4）确定逐级消防安全职责，批准实施消防安全制度和保障消防安全的操作规程；

（5）组织防火检查，监督落实火灾隐患整改，及时处理涉及消防安全的重大问题；

（6）根据消防法规的规定建立专职消防队、义务消防队；

（7）组织制定符合本单位实际的灭火和应急疏散预案，并实施演练。

二、消防安全管理人职责

单位消防安全责任人应确定本单位的消防安全管理人，消防安全管理人对本单位的消防安全责任人负责，具体实施和组织落实消防安全管理工作。

单位消防安全管理人应当履行下列消防安全职责：

（1）拟订年度消防工作计划，组织实施日常消防安全管理工作；

（2）组织制定消防安全制度和保障消防安全的操作规程并检查督促其落实；

（3）拟订消防安全工作的资金投入和组织保障方案；

（4）组织实施防火检查和火灾隐患整改工作；

（5）组织实施对本单位消防设施、灭火器材和消防安全标志维护保养，确保其完好、有效，确保疏散通道和安全出口畅通；

（6）组织管理专职消防队和义务消防队；

（7）组织开展对职工消防知识、技能的宣传教育和培训，组织灭火和应急疏散预案的实施和演练；

（8）单位消防安全责任人委托的其他消防安全管理工作。

消防安全管理人应当定期向消防安全责任人报告消防安全情况，及时报告涉及消防安全的重大问题。未确定消防安全管理人的单位，以上消防安全管理工作由单位消防安全责任人负责实施。

除《中华人民共和国消防法》中对单位消防安全责任人及消防安全管理人的相关职责要求外，单位其他部门及人员应履行以下职责：

单位各部门的负责人为本部门的消防安全责任人，对本部门的消防安全工作全面负责。部门消防安全责任人应当履行下列消防安全职责：

（1）组织实施本部门的消防安全管理工作计划；

（2）根据本部门的实际情况开展消防安全教育与培训，制定消防安全管理制度，落实消防安全措施；

（3）按照规定实施消防安全巡查和定期检查，管理消防安全重点部位，维护管辖范围的消防设施；

（4）及时发现和消除火灾隐患，不能消除的，应采取相应措施并向单位消防安全责任人或消防安全管理人报告；

（5）发现火灾，及时报警，并组织人员疏散和初期火灾的扑救。

三、消防安全归口管理职能部门职责

单位应确定专职或兼职消防管理人员，设置或者明确消防工作的归口管理职能部门。归口管理职能部门和专兼职消防管理人员在消防安全责任人或者消防安全管理人的领导下开展消防安全管理工作。

单位消防安全归口管理部门和专兼职消防管理人员应当履行下列消防安全职责：

（1）拟订年度消防工作计划，组织实施日常消防安全管理工作；

（2）制定消防安全制度和操作规程并检查督促各部门、单位及员工认真落实；

（3）拟定消防安全工作的资金投入计划和组织保障方案；

（4）组织实施防火检查、巡查，督促整改火灾隐患；

（5）组织实施对消防设施、灭火器材和消防安全标志的维护保养，确保其完好有效；

（6）管理专职消防队、义务消防队和微型消防站，按照训练计划，督促其定期实施演练，不断提高扑救初起火灾的能力；

（7）确定消防安全重点部位并督促相关部门、单位加强重点监管；

（8）组织员工开展消防安全“四个能力”建设，对员工进行消防知识、技能的宣传教育和培训，组织灭火和应急疏散预案的实施和演练，确保每一名员工都具备“检查消除火灾隐患、组织扑救初起火灾、组织人员疏散逃生、开展消防宣传教育培训”的能力；

（9）定期向消防安全责任人（消防安全管理人）汇报消防安全管理体系的绩效，为评审和改进消防安全管理体系提供依据；

（10）与当地消防救援机构建立沟通渠道，及时向消防救援机构汇报单位的消防安全情况；

（11）完成消防安全责任人和消防安全管理人委托的其他消防安全管理工作。

四、消防控制室值班人员职责

（1）遵守消防控制室的各项规章制度；

（2）熟悉和掌握本系统的工作原理和操作规程，熟悉各种按键的功能，能够熟练操作；

（3）应当在岗在位，认真记录控制器运行情况，每日检查火灾报警控制器的自检、消音、复位功能以及主备电源切换功能，消防联动控制器的运行状况，并认真填写消防控制室值班记录；

（4）及时发现和处理设备故障，并填写建筑消防设施故障处理记录；

（5）掌握和了解消防设施的运行、误报警、故障有关情况；

（6）熟练掌握消防控制室火灾事故应急处置程序，火灾情况下能够按照程序开展灭火救援工作。

五、微型消防站队员、专兼职消防队员职责

消防安全重点单位应当按照有关规定建立微型消防站，落实微型消防站人员配备、场地设置和器材配置。

微型消防站队员应履行下列消防安全职责：

（1）本单位发生火灾后应立即赶赴现场及时扑救；

（2）本单位以外的相邻单位或场所发生火灾后应根据群众报警或消防救援机构的调度指令，立即赶赴现场扑救火灾；

（3）了解掌握火灾现场基本情况，并及时向到场扑救火灾的消防救援机构报告现场情况；

（4）组织人员疏散，维持现场秩序，协助消防救援机构开展火灾原因调查等工作；

（5）开展本单位的日常防火安全巡查工作，及时发现和报告消除火灾隐患。

六、其他员工职责

单位员工应熟记消防安全管理制度和消防安全操作规程，明确逐级岗位消防安全责任，掌握本岗位火灾危险性和火灾防范措施，掌握初起火灾处置程序和灭火器材使用方法，掌握引导人员安全疏散和逃生自救的技能，积极参加消防安全教育培训。

（1）参加消防安全教育培训，严格执行消防安全管理制度、规定及安全操作规程；

（2）熟知本岗位消防安全职责、消防安全重点部位、火灾危险性和相应操作规程；

（3）熟悉本工作场所灭火器材、消防设施设置位置，掌握灭火器、消火栓等器材扑救初期火灾的方法；

（4）熟悉本工作场所疏散通道、疏散楼梯、安全出口设置位置及逃生路线，会组织和引导人员安全疏散，掌握逃生自救技能；

（5）针对本工作场所环境和岗位特点，开展班前班后防火检查，发现隐患及时排除并向上级主管报告；

（6）发现火情时，应立即通过火灾报警按钮、电话等方式通知消防控制室，并拨打“119”电话报警，使用就近消火栓、灭火器等器材灭火，同时组织引导人员疏散。

第三节 消防安全责任的追究

消防安全责任的追究形式有刑事责任、行政责任和民事责任。实践中，因火灾事故被追究刑事责任的罪名主要有失火罪、消防责任事故罪、重大责任事故罪、强令违章冒险作业罪、重大劳动安全事故罪、大型群众性活动重大安全事故罪、工程重大安全事故罪等。常见消防刑事责任罪名概览如表 14–1 所示。

表 14-1　常见消防刑事责任罪名概览

序号	名称	定义	立案标准			刑罚
			死伤（人）	直接经济损失	其他	
1	失火罪	由于行为人的过失引起火灾，造成严重后果，危害公共安全的行为	死亡1人以上或重伤3人以上	50万以上	造成10户以上家庭的房屋以及其他基本生活资料烧毁的；造成森林火灾，过火有林地面积2公顷以上，或者过火疏林地、灌木林地、未成林地、苗圃地面积4公顷以上的；其他造成严重后果的情形	处3年以上7年以下有期徒刑；情节较轻的，处3年以下有期徒刑或者拘役
2	消防责任事故罪	违反消防管理法规，经消防监督机构通知采取改正措施而拒绝执行，造成严重后果的行为			造成森林火灾，过火有林地面积2公顷以上，或者过火疏林地、灌木林地、未成林地、苗圃地面积4公顷以上的；其他造成严重后果的情形	处3年以下有期徒刑或者拘役；后果特别严重的，处3年以上7年以下有期徒刑
3	重大责任事故罪	在生产、作业中违反有关安全管理的规定，因而发生重大伤亡事故或者造成其他严重后果的行为			发生矿山生产安全事故，造成直接经济损失100万元以上的；造成其他严重后果的情形	处3年以下有期徒刑或者拘役；情节特别恶劣的，处3年以上7年以下有期徒刑
4	强令违章冒险作业罪	强令他人违章冒险作业，因而发生重大伤亡事故或造成其他严重后果的行为			发生矿山生产安全事故，造成直接经济损失100万元以上的；造成其他严重后果的情形	处5年以下有期徒刑或者拘役；情节特别恶劣的，处5年以上有期徒刑
5	重大劳动安全事故罪	安全生产设施或者安全生产条件不符合国家规定，因而发生重大伤亡事故或者造成其他严重后果的行为			发生矿山生产安全事故，造成直接经济损失100万元以上的；造成其他严重后果的情形	处3年以下有期徒刑或者拘役；情节特别恶劣的，处3年以上7年以下有期徒刑
6	大型群众性活动重大安全事故罪	举办大型群众性活动违反安全管理规定，因而发生重大伤亡事故或者造成其他严重后果的行为			其他造成严重后果的情形	处3年以下有期徒刑或者拘役；情节特别恶劣的，处3年以上或者7年以下有期徒刑
7	工程重大安全事故罪	建设单位、设计单位、施工单位、工程监理单位违反国家规定，降低工程质量标准，造成重大安全事故的行为			其他造成严重后果的情形	处5年以下有期徒刑或者拘役，并处罚金；后果特别严重的，处5年以上10年以下有期徒刑，并处罚金

此外，《最高人民法院、最高人民检察院关于办理危害生产安全刑事案件适用法律若干问题的解释》对从重处罚及从轻处罚情节作出了规定。具有下列情节之一的，从重处罚：

（1）未依法取得安全许可证件或者安全许可证件过期、被暂扣、吊销、注销后从事生产经营活动的；

（2）关闭、破坏必要的安全监控和报警设备的；

（3）已经发现事故隐患，经有关部门或者个人提出后，仍不采取措施的；

（4）一年内曾因危害生产安全违法犯罪活动受过行政处罚或者刑事处罚的；

（5）采取弄虚作假、行贿等手段，故意逃避、阻挠负有安全监督管理职责的部门实施监督检查的；

（6）安全事故发生后转移财产意图逃避承担责任的；

（7）其他从重处罚情形。

在安全事故发生后积极组织、参与事故抢救，或者积极配合调查、主动赔偿损失的，可以酌情从轻处罚。

第四节 电力场所消防手续

一、电厂、变电站

（1）按照国家工程建设消防标准需要进行消防设计的新建、扩建、改建（含室内外装修、建筑保温、用途变更）工程，建设单位应当依法申请建设工程消防设计审核、消防验收，依法办理消防设计和竣工验收消防备案手续并接受抽查。

（2）建设工程或项目的建设、设计、施工、工程监理等单位应当遵守消防法规、建设工程质量管理法规和国家消防技术标准，应对建设工程消防设计、施工质量和安全负责。

二、其他场所

（1）国务院住房和城乡建设主管部门规定应当申请消防验收的建设工程竣工，建设单位应当向住房和城乡建设主管部门申请消防验收。

（2）前款规定以外的其他建设工程，建设单位在验收后应当报住房和城乡建设主管部门备案，住房和城乡建设主管部门应当进行抽查。

（3）依法应当进行消防验收的建设工程，未经消防验收或者消防验收不合格的，禁止投入使用；其他建设工程经依法抽查不合格的，应当停止使用。

第四篇

电力场所消防应急预案及演练

应急预案是指对单位火灾发生后对灭火救援等有关问题作出预先筹划和安排的文书，是针对单位内部可能会发生火灾的部位、类型，根据灭火救援的指导思想和处理原则，以及单位内部现有的消防设施器材和内部人员的数量、素养等而拟定的用于灭火和疏散逃生的应急方案。完善的应急预案在应对突发火灾事故和处置事故都能发挥重要作用。

预案编制完成后还应通过演练来检验是否能实现制定预案的预期目标。各电力场所应根据单位的实际情况定期进行演练，使参加演练的每一位员工都能明确本岗位的火灾危险性以及在火场中各自的分工和职责，并通过定期培训使全体人员能熟练掌握。本篇将对单位应急预案的编制方法、编制内容以及演练方案制订等进行说明。

第十五章　电力消防预案编制要求

编制预案前，单位应认真开展火灾风险分析和应急资源普查，明确单位的重点部位，确定人员力量、器材装备以及应急行动意图。以单位的实际情况为基础，编制符合本单位特点且操作性和针对性强的应急预案；并通过消防演练来检验应急预案是否能实现制定预案的预期目标，发现预案内存在的问题，不断充实完善。

第一节　消防应急预案编制指南

一、应急预案编制程序

制定应急预案的程序是指其制定的方法和步骤。一般来说，应按照以下程序进行：

（1）明确范围，明确重点部位。

（2）单位应结合单位的实际情况，确定范围，明确重点保卫对象或者部位。

（3）调查研究，收集资料。

（4）制定应急预案是一项细致复杂的工作。为使所制定的应急预案符合客观实际，应进行大量细致的调查研究工作，要正确分析、预测单位内部发生火灾的可能性和各种险情，制定相应的火灾扑救和应急救援对策。

（5）科学计算，确定人员力量和器材装备。

（6）通过计算，确定现场灭火和疏散人员所需要的人员力量、保障的器材装备和物资等方面的数量，为完成灭火救援应急任务提供基本依据。

（7）确定灭火救援应急行动意图。

（8）根据灾情，对灭火救援应急行动的目标、任务、手段、措施等进行总体策划和构思。其主要内容有作战行动的目标与任务、战术与技术措施、人员部署与力量安排等。

（9）严格审核，不断充实完善。

（10）制定应急预案实行逐级审核制度。单位安保部门制定的应急预案必须报请单位主要领导审核，批准后方可投入使用。审核的重点应当侧重于情况设定、处置对策、人员安排部署、战术措施、技术方法、后勤保障等内容。必要时还应当组织专业技术人员充分论证并通过演练进行验证。

二、应急预案编制内容

应急预案的基本内容应包括单位的基本情况、应急组织机构、火情预想、报警和接警处置程序、应急疏散的组织程序和措施、扑救初起火灾的程序和措施、通信联络、安全防护救护的程序和措施、灭火和应急疏散计划图、注意事项等。

（一）单位基本情况

单位基本情况包括：单位基本概况和消防安全重点部位情况，消防设施、灭火器材情况，消防组织、义务消防队人员及装备配备情况。消防安全重点单位应当将容易发生火灾或一旦发生火灾可能危及人身和财产安全以及对消防安全有重大影响的部位确定为消防安全重点部位。通过明确重点部位并分析其火灾危险，指导应急预案的制定和演练。

（二）应急组织机构

应急组织机构的设置应结合本单位的实际情况，遵循归口管理、统一指挥、讲究效率、权责对等和灵活机动的原则。应急组织机构包括火场指挥部、灭火行动组、疏散引导组、安全防护救护组、火灾现场警戒组、后勤保障组、机动组。

（1）火场指挥部：确定总指挥、副总指挥成员。指挥部应根据方便现场指挥、通信联络畅通、保证自身安全的原则，火场指挥部的地点可设在起火部位附近或消防控制室、电话总机室，指挥协调各职能小组和义务消防队开展工作，根据火情决定是否通知人员疏散并组织实施，及时控制和扑救火灾。消防队到达后，及时向指挥员报告火场内的有关情况，按照指挥员的统一部署，协调配合消防队开展灭火救援行动。

（2）灭火行动组：灭火行动组由单位的志愿消防队员组成，可以进一步细化为灭火器材小组、水枪灭火小组、防火卷帘控制小组、物资疏散小组、抢险堵漏小组等。负责现场灭火、抢救被困人员、操作消防设施。

（3）疏散引导组：引导人员疏散自救，确保人员安全快速疏散。

（4）安全防护救护组：负责对受伤人员进行紧急救护，并视情转送医疗机构。

（5）火灾现场警戒组：负责控制各出口，无关人员只许出不许进，火灾扑灭后保护现场。

（6）后勤保障组：负责通信联络、车辆调配、道路畅通、供电控制、水源保障。

（7）机动组：受指挥部的指挥，负责增援行动。

（三）火情预想

火情预想是对单位可能发生火灾作出的有根据、符合实际的设想，是制定应急预案的重要依据。火情预想要在调查研究、科学计划的基础上，从实际出发，根据火灾特点，使之切合实际，有较强的针对性。其内容如下：

（1）重点部位和主要起火点。同一重点部位，可假设多个起火点。

（2）起火物品及蔓延条件，燃烧面积（范围）和主要蔓延的方向。

（3）可能造成的危害和影响（如可燃液体的燃烧、压力容器的爆炸，结构的倒塌，人员伤亡、被困情况等），以及火情发展变化趋势，可能造成的严重后果等。

（4）区分白天和夜间、营业期间和非营业期间。

（四）报警、接警处置程序

（1）报警。以快捷方便为原则确定发现火灾后的报警方式，如口头报警、有线报警、无线报警等。报警的对象为“119”火警台（“三台合一”的地区为“110”指挥中心）、单位值班领导、消防控制中心等。报警时应说明以下情况：着火单位、着火部位、着火物质及有无人员被困、单位具体位置、报警电话号码、报警人姓名；同时，还要报告本单位值班领导和有关部门。

（2）接警。单位领导接警后，启动应急预案，按预案确定内部报警的方式和疏散的范围，组织指挥初期火灾的扑救和人员疏散工作，安排力量做好警戒工作。有消防控制室的场所，值班员接到火情消息后，立即通知有关人员前往核实火情，火情核实确认后，立即报告消防队和值班负责人，通知灭火行动组人员前往着火地点。

（五）初期火灾处置程序和措施

（1）指挥部、各行动小组和义务消防队迅速集结，按照职责分工，进入相应位置开展灭火救援行动。

（2）发现火灾时，起火部位现场员工应当于 1 分钟内形成灭火第一战斗力量，在第一时间内采取如下措施：灭火器材、设施附近的员工利用现场灭火器、消火栓等器材、设施灭火；电话或火灾报警按钮附近的员工打“119”电话报警、报告消防控制室或单位值班人员；安全出口或通道附近的员工负责引导人员疏散。若火势扩大，单位应当于 3 分钟内形成灭火第二战斗力量，及时采取如下措施：通信联络组按照应急预案要求通知预案涉及的员工赶赴火场，向火场指挥员报告火灾情况，将火场指挥员的指令下达有关员工；灭火行动组根据火灾情况利用本单位的消防器材、设施扑救火灾；疏散引导组按分工组织引导现场人员疏散；安全救护组负责协助抢救、护送受伤人员；现场警戒组阻止无关人员进入火场，维持火场秩序。

（3）相关部位人员负责关闭空调系统和煤气总阀门，及时疏散易燃易爆化学危险物品及其他重要物品。

（六）应急疏散的组织程序和措施

（1）疏散通报。火场指挥部根据火灾的发展情况，决定发出疏散通报。通报的次序是：着火层→着火层以上各层→有可能蔓延的着火层以下的楼层。

（2）疏散通报的方式。可利用消防广播播放预先录制好的消防紧急广播录音带或由值班人员直接播报火情、介绍疏散路线及注意事项，语言通报应分别采用普通话和常用外语（英、日、韩等语种）通报，并注意稳定人员的情绪；通过警铃发出紧急通告和疏散指令。

（3）疏散引导。根据建筑特点和周围情况，事先划定供疏散人员集结的安全区域；在疏散通道上分段安排人员指明疏散方向，查看是否有人员滞留在应急疏散区域内，统计人员数量，稳定人员情绪；由于公众聚集场所的现场工作人员具有一定的流动性，在预案中担负灭火和疏散救援行动的人员变化后，要及时进行调整和补充；应把引导疏散

作为应急预案制定和演练的重点，加强疏散引导组的力量配备。

（七）安全防护救护和通信联络的程序及措施

（1）建筑外围安全防护。清除路障，疏导车辆和围观群众，确保消防通道畅通；维护现场秩序，严防趁火打劫；引导消防车，协助消防车取水、灭火。

（2）建筑首层出入口安全防护。禁止无关人员进入起火建筑；对火场中疏散的物品进行规整并严加看管；指引消防人员进入起火部位。

（3）起火部位的安全防护。引导疏散人流，维护疏散秩序；阻止无关人员进入起火部位；防护好现场的消防器材、装备。

（4）在安全区及时对受伤人员进行救治，对于危重病人及时送往医院救治。

（5）利用电话、对讲机等建立有线、无线通信网络，确保火场信息传递畅通。

（6）火场指挥部、各行动组、各消防安全重点部位必须确定专人负责信息传递，保证火场指令得到及时传递、落实。

（7）应安排专人在主要路口处接应消防车。

（八）绘制灭火和应急疏散计划图

灭火和应急疏散计划图有助于指挥部在救援过程中对各小组的指挥和对事故的控制，应当力求详细准确，图文并茂，标注明确，直观明了。应针对假设部位制定灭火进攻和疏散路线平面图。平面图比例应正确，设备、物品、疏散通道、安全出口、灭火设施和器材分布位置应标注准确，假设部位及周围场所的名称应与实际相符。在图中应标识明确灭火进攻的方向、灭火装备停放位置、消防水源、物资和人员疏散路线、物资放置、人员停留地点以及指挥员位置。

（九）注意事项

（1）参加演练的人员应当采取必要的个人防护措施。

（2）灭火疏散阵地设置要安全，应能进能退、攻防兼备。

（3）指挥员要密切注意火场上各种复杂情况和险情的变化，适时采取果断措施，避免伤亡。

（4）灭火救援应急行动结束后，要做好现场清理工作。

（5）其他需要特别警示的事项。

第二节　消防演练方案编制指南

一、应急预案演练规划

演练组织单位要根据实际情况，并依据相关法律法规和应急预案的规定，制定年度应急演练规划，按照“先单项后综合、先桌面后实战、循序渐进、时空有序”等原则，合理规划应急演练的频次、规模、形式、时间、地点等。按照有关法律法规要求，消防安全重点单位应当每半年开展一次灭火和应急疏散预案的演练，其他单位应当每年开展一次灭火和应急疏散预案的演练。

演练应在相关预案确定的应急领导机构或指挥机构领导下组织开展。演练组织单位要成立由相关单位领导组成的演练领导小组，通常下设策划部、保障部和评估组；对于不同类型和规模的演练活动，其组织机构和职能可以适当调整。根据需要，可成立现场指挥部。

（一）演练领导小组

演练领导小组负责应急演练活动全过程的组织领导，审批决定演练的重大事项。演练领导小组组长一般由演练组织单位或其上级单位的负责人担任；副组长一般由演练组织单位或主要协办单位负责人担任；小组其他成员一般由各演练参与单位相关负责人担任。在演练实施阶段，演练领导小组组长、副组长通常分别担任演练总指挥、副总指挥。

（二）策划部

策划部负责应急演练策划、演练方案设计、演练实施的组织协调、演练评估总结等工作。策划部设总策划、副总策划，下设文案组、协调组、控制组、宣传组等。

1. 总策划

总策划是演练准备、演练实施、演练总结等阶段各项工作的主要组织者，一般由演练组织单位具有应急演练组织经验和突发火灾事故应急处置经验的人员担任；副总策划协助总策划开展工作，一般由演练组织单位或参与单位的有关人员担任。

2. 文案组

在总策划的直接领导下，负责制定演练计划、设计演练方案、编写演练总结报告以及演练文档归档与备案等；其成员应具有一定的演练组织经验和突发火灾事故应急处置经验。

3. 协调组

协调组负责与演练涉及的相关单位以及本单位有关部门之间的沟通协调，其成员一般为演练组织单位及参与单位的行政、外事等部门人员。

4. 控制组

在演练实施过程中，在总策划的直接指挥下，负责向演练人员传送各类控制消息，引导应急演练进程按计划进行。其成员最好有一定的演练经验，也可以从文案组和协调组抽调，常称为演练控制人员。

5. 宣传组

宣传组负责编制演练宣传方案、整理演练信息、组织新闻媒体和新闻发布等。其成员一般是演练组织单位及参与单位宣传部门的人员。

（三）保障部

保障部负责调集演练所需物资装备，购置和制作演练模型、道具、场景，准备演练场地，维持演练现场秩序，保障运输车辆，保障人员生活和安全保卫等。其成员一般是演练组织单位及参与单位后勤、财务、办公等部门人员，常称为后勤保障人员。

（四）评估组

评估组负责设计演练评估方案和编写演练评估报告，对演练准备、组织、实施及其安全事项等进行全过程、全方位评估，及时向演练领导小组、策划部和保障部提出意见、建议。其成员一般是应急管理专家、具有一定演练评估经验和突发火灾事故应急处置经验专业人员，常称为演练评估人员。评估组可由上级或专业部门组织，也可由演练组织单位自行组织。

（五）参演人员和队伍

参演人员包括应急预案规定的有关应急管理部门（单位）工作人员、各类专兼职应急救援队伍以及志愿者队伍等。

参演人员承担具体演练任务，针对模拟火灾事故场景作出应急响应行动。有时也可使用模拟人员替代未到现场参加演练的单位人员，或模拟事故的发生过程，如释放烟雾、模拟顾客等。

二、编制演练方案

演练方案由文案组编制，通过评审后由演练领导小组批准，必要时还需报有关主管单位同意并备案。主要内容包括：

（一）确定演练目标

演练目标是需完成的主要演练任务及其达到的效果，一般说明“由谁在什么条件下完成什么任务，依据什么标准，取得什么效果”。演练目标应简单、具体、可量化、可实现。一次演练一般有若干项演练目标，每项演练目标都要在演练方案中有相应的事件和演练活动予以实现，并在演练评估中有相应的评估项目以判断该目标的实现情况。

（二）设计演练情景与实施步骤

演练情景要为演练活动提供初始条件，还要通过一系列的情景事件引导演练活动继续，直至演练完成。演练情景包括演练场景概述和演练场景清单。

1. 演练场景概述

要对每一处演练场景进行概要说明，主要说明火灾事故类别、发生的时间地点、发展速度、强度与危险性、受影响范围、人员和物资分布、可能造成的损失、后续发展预测、气象及其他环境条件等。

2. 演练场景清单

要明确演练过程中各场景的时间顺序列表和空间分布情况。演练场景之间的逻辑关联依赖于火灾事故发展规律、控制消息和演练人员收到控制消息后应采取的行动。

（三）设计评估标准与方法

演练评估是通过观察、体验和记录演练活动，比较演练实际效果与目标之间的差异，总结演练成效和不足的过程。演练评估应以演练目标为基础。每项演练目标都要设计合理的评估项目方法、标准。根据演练目标的不同，可以用选择项（如：是 / 否判断，多项选择）、主观评分（如：1—差、3—合格、5—优秀）、定量测量（如：响应时间、被困人数、获救人数）等方法进行评估。

为便于演练评估操作，通常事先设计好评估表格，包括演练目标、评估方法、评价标准和相关记录项等。有条件时还可以采用专业评估软件等工具。

（四）编写演练方案文件

演练方案文件是指导演练实施的详细工作文件。根据演练类别和规模的不同，演练方案可以编为一个或多个文件。编为多个文件时可包括演练人员手册、演练控制指南、演练评估指南、演练宣传方案、演练脚本等，分别发给相关人员。对涉密应急预案的演练或不宜公开的演练内容，还要制订保密措施。

1. 演练人员手册

内容主要包括演练概述、组织机构、时间、地点、参演单位、演练目的、演练情景概述、演练现场标识、演练后勤保障、演练规则、安全注意事项、通信联系方式等，但不包括演练细节。演练人员手册可发放给所有参加演练的人员。

2. 演练控制指南

内容主要包括演练情景概述、演练事件清单、演练场景说明、参演人员及其位置、演练控制规则、控制人员组织结构与职责、通信联系方式等。演练控制指南主要供演练控制人员使用。

3. 演练评估指南

内容主要包括演练情况概述、演练事件清单、演练目标、演练场景说明、参演人员及其位置、评估人员组织结构与职责、评估人员位置、评估表格及相关工具、通信联系方式等。演练评估指南主要供演练评估人员使用。

4. 演练宣传方案

内容主要包括宣传目标、宣传方式、传播途径、主要任务及分工、技术支持、通信联系方式等。

5. 演练脚本

对于重大综合性示范演练，演练组织单位要编写演练脚本，描述演练事件场景、处置行动、执行人员、指令与对白、视频背景与字幕、解说词等。

（五）演练方案评审

对综合性较强、风险较大的应急演练，评估组要对文案组制订的演练方案进行评审，确保演练方案科学可行，以确保应急演练工作的顺利进行。

第十六章　电力消防预案编制示例

不同单位、场所的火灾危险性以及火灾的种类都有各自的特点，本章将对电力公司的变电站、电缆隧道、电力调度大楼三类常见场所的应急预案进行举例说明。

第一节　变电站消防应急预案示例

变电站主变压器如图 16–1 所示。

图 16–1　变电站主变压器

一、总则

（一）编制目的

为正确、有效和快速地处置 ×××kV××× 变电站（以下简称 ××× 站）设备发生的火灾事件，最大程度地减少火灾造成的影响和损失，保障特高压 ××× 站设备稳定可靠运行，特编制本预案。

（二）适用范围

本预案适用于在 ××× 站内发生的或需要联合相关部门共同实施救援和处置的火灾事故。

（三）编制依据

本预案依据以下法律法规、标准制度及相关预案，结合公司实际制定，所有标准规范均为最新版。

《中华人民共和国消防法》（2019 年 4 月 23 日修订）

《中华人民共和国电力法》（2015 年修正）

《中华人民共和国突发事件应对法》（2007 年发布）

《生产安全事故报告和调查处理条例》（国务院令第 493 号）

《机关、团体、企业、事业单位消防安全管理规定》（公安部 2001 第 61 号令）

《电力设备典型消防规程》（DL 5027—2015）

《火力发电厂与变电站设计防火规范》（GB 50229—2006）

《国家突发公共事件总体应急预案》（2006 年 1 月 8 日发布）

《生产经营单位生产安全事故应急预案编制导则》（GB/T 29639—2013）

《社会单位灭火和应急疏散预案编制及实施导则》（GB/T 38315—2019）

《国家电网有限公司应急管理工作规定》（国家电网企管〔2014〕1467 号）

《国家电网有限公司应急预案管理办法》（国家电网企管 2〔2014〕1467 号）

《国家电网有限公司应急预案评审管理办法》（国家电网企管〔2014〕1467 号）

《国家电网有限公司大面积停电事件应急预案》（国家电网安质〔2016〕232 号）

《国家电网有限公司设备设施损坏事件处置应急预案》（国家电网运检〔2016〕523 号）

二、应急处置基本原则

（1）预防为主，防消结合。建立应对火灾的有效机制，开展经常性的防火宣传教育，加强消防基础设施建设，整改和消除各类消防隐患，从源头上预防火灾的发生。

（2）以人为本，减少损失。在处置火灾时，始终把保护人员生命安全放在首位，保障财产和设施的安全，把火灾损失降低到最低程度。

（3）统一领导，分级负责。在火灾应急指挥部的统一领导下，尽职尽责，密切协作，协调有序地开展火灾扑救工作。

三、事故分级

根据变电站火灾事故的严重程度、影响范围、可能导致电网紧急情况等，将变电站火灾事故分为特别重大事故、重大事故、较大事故、一般事故四级。

（1）特别重大火灾事故：造成 30 人以上死亡，或者 100 人以上重伤，或者 1 亿元以上直接财产损失的火灾。

（2）重大火灾事故：造成 10 人以上 30 人以下死亡，或者 50 人以上 100 人以下重伤，或者 5000 万元以上 1 亿元以下直接财产损失的火灾（两相或一组主变压器、两相或一组 1000kV GIS 组合电器间隔火灾事故可定义为重大火灾事故）。

（3）较大火灾事故：造成 3 人以上 10 人以下死亡，或者 10 人以上 50 人以下重伤，或者 1000 万元以上 5000 万元以下直接财产损失的火灾（单相主变压器、单相或一组高

压电抗器、单相 1000kV GIS 组合电器火灾事故可定义为较大火灾事故）。

（4）一般火灾事故：造成 3 人以下死亡，或者 10 人以下重伤，或者 1000 万元以下直接财产损失的火灾（除以上情况外的火灾事故可定义为一般火灾事故）。

（注："以上"包括本数，"以下"不包括本数。）

四、现场应急组织体系、组织机构及职责

（一）现场应急组织体系

应急预案组织机构图如图 16-2 所示。

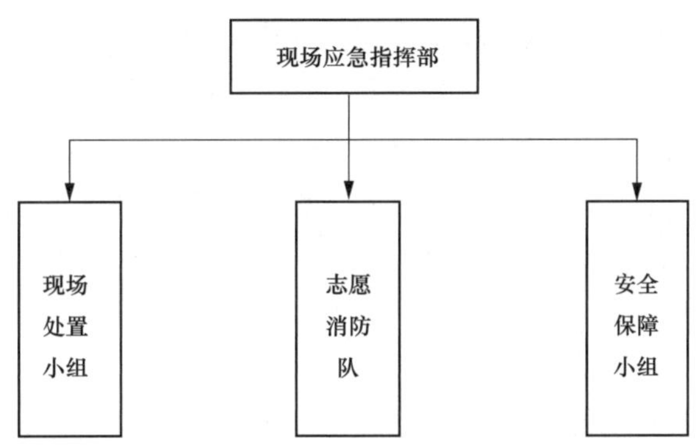

图 16-2　应急预案组织机构图

（二）现场应急指挥机构及职责

1. 现场应急指挥部

现场总指挥：×××

成　　员：×××、×××、……

主要职责：

（1）统一领导火灾事故的预防和应急处置工作。

（2）组织制定火灾事故应急预案、管理制度等并定期对其进行评估和修订。

（3）检查落实火灾事故的预防措施和应急救援的各项准备工作，组织本单位开展应急救援演练工作。

（4）统一指挥协调火灾事故应急预案的实施工作。

2. 现场处置小组

组长：×××、×××、……

成员：×××、×××、×××、……

主要职责：

（1）通过视频监控确认着火设备，现场查看火情。

（2）拨打 119 报警，并通知人员疏散和志愿消防队出动。

（3）根据火灾事故发生部位及造成的影响，值班负责人及时汇报相关调度和站长。

（4）停运受影响的设备，断开低压交直流电源，切换站用电，做好隔离措施。

（5）根据火灾发展变化情况，做好与志愿消防队配合工作，防止火灾蔓延。

（6）做好与政府综合性消防救援队伍配合工作，协同作战。

（7）接受现场应急指挥部的领导。

3. 志愿消防队

组长：×××

成员：×××、×××、……

主要职责：

（1）确认现场是否有人员受困和人员伤亡，先行救助。

（2）应对所在变电站情况做到"六熟悉"（熟悉站内的交通道路、水源情况；熟悉站内电气设备分类、位置等相关情况；熟悉站内主要灾害事故处置的对策及基本程序；熟悉站内消防重点部位情况；熟悉站内的消防设施情况；熟悉站内的消防组织及其灭火救援任务分工情况）。

（3）根据变电站实际情况，针对每个重点设备编制、修订灭火预案，并根据灭火预案内容针对具体设备开展演练。

（4）确认现场的着火设备现状、运行设备及消防系统状况后，政府综合性消防救援队到达前负责火灾初期的现场处置工作。

（5）政府综合性消防救援队到达后移交现场灭火指挥权，并做好与政府综合性消防救援队伍配合工作，协同作战。

（6）接受现场应急指挥部的领导。

4. 安全保障小组

组长：×××

成员：运维值班员（8人）、后勤人员（5人）

主要职责：

（1）应明确安全出口位置、疏散路径，根据火灾情况组织人员疏散，做好政府综合性消防救援队的进站引导工作。

（2）对受伤人员进行急救，联系地方救护部门救援伤员。

（3）根据火灾情况，为人员提供专业防护用具和处置工具，做好防止火灾蔓延的物资准备。

（4）完成本小组工作后，在现场处置小组组长的统一指挥下参与灭火。

（5）接受现场应急指挥部的领导。

五、预防和预警

（一）预防措施

（1）认真贯彻《安全生产法》《消防法》等有关法律法规，逐级落实消防责任制，落实各项消防措施，强化变电站消防重点部位的消防管理。

（2）配齐备足合格的消防设施和消防器材，定期维护和更换，保持消防通道的畅通。

（3）加强消防培训和演练，确保员工除满足消防“四懂四会”（懂得火灾的危险性，懂得预防火灾的措施，懂得扑救火灾的方法，懂得逃生的方法；会使用消防器材，会报火警，会扑救初期火灾，会组织疏散逃生）要求外，还应了解消防装置的原理和使用方法，熟悉本站消防应急预案及现场处置方案。

（4）增强各级领导和管理人员处置火灾事故的敏感性和忧患意识，防范次生、衍生事件的发生，防止事件升级或影响扩大。

（5）制定针对性的重要场所现场处置方案，每年组织开展演练，掌握所辖场所、设备一旦发生火灾进行扑救的流程和方法。

（6）加强与政府综合性消防救援部门的沟通，做好重点变电站消防应急预案的备案工作。不定期邀请其指导本单位消防培训工作并开展联合消防演练，提升变电运维人员与政府综合性消防救援队伍的协同配合能力。

（二）预警程序

1. 预警发布

生产区域内出现火灾威胁到人员、设备安全时，现场应急指挥部应立即发布火灾事故预警。

2. 预警行动

应及时疏散周边区域人员，禁止无关人员进入火灾区域，在现场应急指挥部总指挥统一部署下，迅速组织力量灭火，消除危险因素。

3. 预警结束

灭火结束后经确认没有复燃可能性时，特高压 ××× 站现场应急指挥部立即宣布解除预警，恢复正常生产秩序。

六、应急响应

（一）响应分级

事发单位根据本单位火灾处置应急预案中规定的火灾事故分级确定响应分级，综合考虑着火设备的造价、火灾事故可能造成的损失及影响等因素。

（二）响应启动

（1）火灾事故发生后，变电站现场立即成立现场应急指挥部并汇报领导，事发单位负责人接到现场火情详细汇报后应立即向公司安全应急办公室及运检部门报告。

（2）火灾事故发生后，事发单位应急领导小组立即成立火灾事故处置领导小组及其办公室。

（3）公司应急办公室接到报告后，会同有关职能部门汇总相关信息，分析研判，提出对事件的定级建议，报公司安全应急领导小组审核后发布。

（三）响应措施

（1）火灾事故处置领导小组根据火灾事故情况启动相关应急预案，统一指挥做好火灾事故处置工作。相关公司领导、部门负责人赶赴火灾事故现场指导、协调应急处置。

（2）火灾事故处置领导小组办公室启用应急指挥中心，并根据突发事件类型，配合相关应急工作组（部门）启用相关应急预案，开展应急处置。定期收集、整理、汇总突发事件及应急处置工作信息，及时向公司火灾事故处置领导小组汇报。

（3）现场应急指挥部组织实施现场应急处置，向火灾事故处置领导小组办公室及时汇报事故发展、应急处置等情况。在火灾扑灭后，协助火灾事故的调查处理等善后工作。

（四）响应调整

火灾事故处置领导小组根据事件危害程度、救援恢复能力和社会影响等综合因素，按照事件分级标准，决定是否调整应急响应级别。

1. 响应解除

火灾事故处置领导小组火灾扑灭后，经现场确认没有复燃可能性时，确认解除应急响应，恢复正常生产秩序。

2. 资料收集

现场应急指挥部负责收集火灾发生前、灭火过程中的相关影像资料，以及灭火行动后的现场照片；根据政府综合性消防救援部门的要求，做好火灾现场保护工作；清点灭火行动中使用的消防器材，梳理出需补充的消防器材清单。

七、应急处置

（一）重点防火部位及主要危险源

1. 重点防火部位

主控通信楼、主变压器、高压电抗器、低压电容器、低压电抗器、GIS 设备、电缆沟、电缆竖井、保护室、蓄电池室、站用电室、特殊材料室、备品备件库等。

2. 主要危险源

（1）主变压器、高压电抗器的可燃物有冷却油、连接电缆、设备运行时产生的瓦斯等。

（2）GIS 设备内部触头发热、绝缘性能下降造成发热火灾，且内部有 SF_6 气体，分解后微毒。

（3）阀控蓄电池的电解液的燃烧产生的有害物质。

（4）开关柜内开关触头发热、绝缘性能下降、柜内元器件质量不良等原因导致柜内温度过高发生火灾。

（二）应急处置一般流程及基本要求

1. 一般流程

（1）发生火情，运维值班员先通过视频及后台监控信息初步判断着火设备，立即安

排人员到现场确认着火设备及固定灭火系统是否启动，根据现场实际情况立即隔离起火设备（电气设备起火时，若断路器未跳开，应第一时间隔离起火设备）。

（2）运维值班员拨打 119 报警，并通知人员疏散和志愿消防队出动。

（3）值班负责人向调度和站长汇报有关情况。

（4）运维值班员停运着火设备，做好隔离措施。

（5）志愿消防队在确认现场情况后，对火灾初期进行处置。

（6）政府综合性消防救援队经专人引导到达着火地点后，志愿消防队队长移交现场灭火指挥权给政府综合性消防救援队，并报告现场情况，协助灭火。

现场灭火流程图如图 16–3 所示。

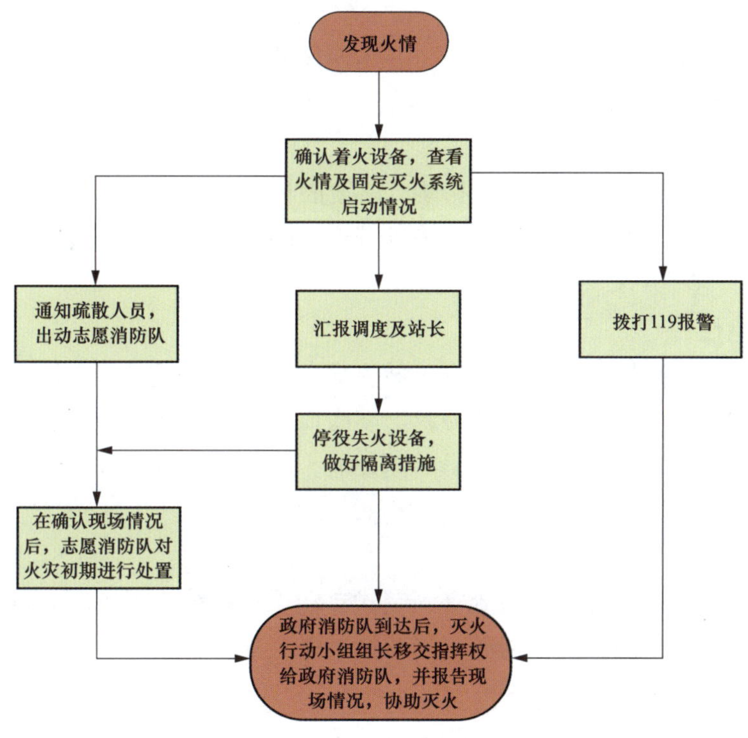

图 16–3　现场灭火流程图

2. 基本要求

（1）火灾发生后，立即启动火灾应急组织机构，在现场应急指挥部统一指挥下各小组按职责开展工作。

（2）采取有效措施扑灭初起火灾，防止火灾扩散。优先启动固定式灭火装置进行灭火。

（3）严格遵守安全规程，确保不发生次生或衍生事故。参与灭火人员应注意自身安全，没有穿戴消防防护用具的人员不得接近燃烧区。参加灭火的人员应防止被火烧伤或被燃烧物所产生的气体引起中毒、窒息以及火灾引起的爆炸。

（4）灭火作业只能在停电的电气设备上进行，灭火作业时人员和装备与非着火设备的带电部位要保持足够的安全距离：35kV 不少于 4m，110kV 不少于 5m，500kV 不少于 8.5m，1000kV 不少于 13m。

（5）火灾报警应报告下列内容：

1）火灾地点：×× 市 ××× 村。

2）火势情况，着火的设备类型。

3）燃烧物和大约数量、范围。

4）消防车类型及补水车等需求。

5）消防部门需要了解的其他情况。

6）报警人姓名和电话号码。

（6）立即检查防火墙阻火隔断情况，并迅速用沙土、湿麻袋、灭火毯等不燃或难燃物质对电缆沟进行灭火隔离，封闭起火建筑物、设备和孔洞，必要时用沙袋筑起围堰，防止火势蔓延。

（7）现场需考虑灭火介质的相互影响，必要时停用固定灭火系统。

（8）明火扑灭后，应继续对着火设备进行冷却降温，防止复燃。

（三）主变压器着火处置

1. 火灾危险性

主变压器着火危险性主要有：主变压器内部一旦发生严重过载、短路，可燃的绝缘材料和绝缘油就会受高温或电弧作用分解、膨胀以致气化，使主变压器内部的压力急剧增加，造成外壳爆炸，套管破裂，大量的油外泄，使火势蔓延扩大，同时主变压器绝缘材料起火后会产生有毒物质。

2. 预防措施

主变压器配置泡沫喷雾灭火系统等固定式自动灭火系统、附近配有消火栓、消防小间（配有消防砂箱、消防铲、消防斧、消防桶、灭火器等）。

3. 处置步骤

以运维值班人数为 5 人（值班负责人 A，正值值班员 B、C，副值值班员 D、E）配置，细化人员要求及处置步骤。

（1）现场处置小组：

1）现场处置小组成员均应服从值班负责人 A 指挥，并向其汇报。

2）值班员 B 通过火灾报警信息及视频确认火情，值班员 C 和 E 在做好个人防护后赴现场查看火情；值班员 B 查看监控后台检查主变压器保护动作情况，主变压器三侧断路器是否已跳开，若三侧断路器未跳开，值长 A 安排值班员 B 和 D 立即遥控拉开。

3）值班负责人 A 向调度和站长汇报有关情况并申请调整电网运行方式，申请调度将故障主变压器改为检修，必要时向调度申请将相邻设备陪停。

4）值班员 D 拨打“119”报警，并通知人员疏散和志愿消防队出动。

5）值班员 C 和 E 现场检查固定式灭火装置启动情况（改自动方式后，若主变压器固定式消防系统未自动开启，则应手动紧急启动固定式消防系统进行灭火）。然后断开着火主变压器低压交直流电源开关，并组织后勤保安人员做好安全措施，保障消防车通道畅通，利用站内消防设施组织灭火。必要时，用沙土对着火充油设备附近电缆沟进行封堵或修筑围堰。

（2）志愿消防队：

1）确认是否有人员受困和人员伤亡，先行救助，然后确认着火设备已停电。

2）迅速查明火情，待现场处置小组组长下令后按灭火预案实施灭火，防止火灾扩大蔓延。

（3）政府综合性消防救援队伍：

1）现场处置小组组长移交指挥权并报告着火设备现状、火势发展情况和周围设备带电情况，已采取的灭火措施和站内安全措施、站内外水源情况和注意事项。

2）现场处置小组、志愿消防队在政府综合性消防救援队的指挥下协助灭火。值班员 C 对灭火全程进行现场安全监督。

（四）电缆沟着火处置

1. 火灾危险性

电缆沟着火危险性主要有：电缆沟内因存在高低压电缆混沟、防火措施不完善等情况，易引发火灾。发生火灾时电缆沟内热量和烟气不易散发，温度急剧升高，烟气浓度增大，燃烧会分解出氯化氢等有毒气体，同时起火导致大量电缆短路爆炸，促使火势扩展蔓延，造成大面积停电。

2. 预防措施

电缆沟每 60m 设一面防火墙，防火墙两侧的电缆表面喷涂电缆防火涂料，长度不小于 1.5m，厚度不小于 1mm，电缆密集区域配置气溶胶等自动灭火装置。

3. 处置步骤

以运维值班人数为 5 人（值班负责人 A，正值值班员 B、C，副值值班员 D、E）配置，细化人员要求及处置步骤。

（1）现场处置小组：

1）现场处置小组成员均应服从值班负责人 A 指挥，并向其汇报。

2）值班员 C 和 E 立即赶赴现场确认着火部位，检查着火的电缆沟内电缆相连的设备开关是否跳开，若未跳开，根据站内电力电缆敷设路径图，断开与着火电缆相连的设备开关。在电缆沟检查时应佩戴正压式呼吸器或做好防止人员窒息、中毒或者烧伤的措施。

3）值班负责人 A 向调度和领导汇报有关情况。

4）值班员 D 拨打 119 报警，并通知人员疏散和志愿消防队出动。

5）值班员 B 组织后勤保安人员穿好个人防护用品后，携带干粉灭火器进行灭火。

（2）志愿消防队：

1）确认是否有人员受困和人员伤亡，先行救助，然后确认着火设备已停电。

2）迅速查明火情，待现场处置小组组长下令后按灭火预案实施灭火，防止火灾扩大蔓延。

（3）政府综合性消防救援队伍：

1）现场处置小组组长移交指挥权并报告着火设备现状、火势发展情况和周围设备带电情况，已采取的灭火措施和站内安全措施、站内外水源情况和注意事项。

2）现场处置小组、志愿消防队在政府综合性消防救援队的指挥下协助灭火。灭火全程，值班员 C 进行现场安全监督。

八、信息发布

（1）生产区域火灾的信息发布和舆情引导工作由国家电网有限公司和国网 ×× 省电力有限公司统一组织，检修分公司将信息内容上报国网 ×× 省电力有限公司，根据事件分级，由国网 ×× 省电力有限公司组织对外发布。

（2）发布信息主要包括生产区域火灾的基本情况、采取的应急措施、取得的进展、存在的困难以及下一步工作打算等信息。

九、后期处置

（一）恢复与重建

生产区域火灾应急处置工作结束后，积极组织受损电力设施、场所和生产秩序的恢复重建工作。恢复重建工作根据事件分级，由公司应急指挥部组织领导。对于重点部位和特殊区域，可按照差异化原则，提出解决建议和意见，按有关规定报批实施。

（二）调查与评估

（1）对特别重大、重大，以及影响范围较大的火灾事件，接受国家电网有限公司及国家相关部门的调查与评估。

（2）参与并配合上级公司应急指挥部对事件的起因、性质、影响、经验教训和恢复重建等问题进行调查评估。

（3）及时对发生火灾事件的应急处置工作进行总结，提出加强和改进同类事件应急工作的建议和意见。

十、应急保障

（一）应急队伍

（1）建立 ×× 站的志愿消防队作为火灾初期处置的主要力量，志愿消防队由具备灭火救援能力的人员组成，始终坚持“救人第一、科学施救”的原则，在保证救援人员安全的同时，最大限度减少站内的损失。

（2）建立外部应急救援队伍的协作支援机制。加强与地方政府部门［如政府综合性消防救援队、地方应急管理部门、卫生部门（急救中心）等］及属地供电公司应急救援队伍的联系，必要时请求应急支援。

（二）站内消防设施及消防器材

1.××××××

2.××××××

……

（三）通信与信息

现场应急指挥部各成员应保持手机 24 小时开机，保证应急指挥和现场抢险救援的通信畅通，信息传输及时无误。在生产场所重点部位、重点场所醒目处公布火灾报警电话及应急值班电话。

（四）经费保障

应急培训、演练、购置应急装备等所需经费可及时列入计划，××分公司运检部负责保证所需经费的申报和使用，安监部门监督实施。

（五）技术储备与保障

（1）结合火灾事件类型和规律，制定并落实预防性措施，限制火灾事件影响范围及防止事件扩大的紧急控制措施，以及减少火灾事件损失并尽快恢复正常秩序的恢复控制措施。

（2）注意收集国内外各种类型生产区域火灾应急救援的实战案例，分析实战中的得失，认真吸取有关经验和教训，开展事故预测、预防、预警和应急处置技术研究，加强技术储备。

（3）各单位后勤保障部门负责火灾处置期间的后勤保障。

十一、培训和演练

（一）培训

应认真组织站内人员对本站消防应急预案的学习和培训，每半年开展一次培训。通过技术培训和消防演练，并采取与当地消防人员技术交流和研讨等多种方式，提高站内人员的应急救援联动能力和实操水平。

（二）演练

（1）规模方式：变电站按照火灾的类型和要求，采取不同规模和方式的演练。

（2）频次：志愿消防队应每月组织针对具体设备的灭火演练，变电站每季度至少组织一次与志愿消防队协同消防演练，变电站每年应至少组织一次与当地政府综合性消防救援部门的联合消防演习，以提高火灾应急组织指挥、通信保障、协同配合和自我保护能力，增强全员火灾应急处置能力。

（3）范围：预案行动所涉及的有关人员和志愿消防队伍。

（4）内容：演练应急组织、应急指挥、应急响应、应急疏散内容，验证预案的有效性、可行性。

（5）评估：演练组织单位对消防演练进行评估，形成演练评估报告。

十二、附则

（一）预案报备

本预案经国网 ×× 省电力有限公司 ×× 分公司批准并报当地政府综合性消防救援部门备案。

（二）管理与更新

根据应急救援相关法律法规的制定和修订，以及管理体制变化和站内设备规模变化时，国网 ×× 省电力有限公司 ×× 分公司每年根据实际情况对本预案适时进行补充、完善，每 3 年进行一次全面修订。

（三）应急电话

消防救援：119。

人员救治：120。

第二节 电缆隧道消防演练示例

一、演练目的

模拟在电缆隧道发生火灾时实施应急救援，主要达到以下目的：

（1）检验气溶胶、灭火器、消防设施和应急物资储备、运用情况；

（2）检验全体员工对应急预案的熟悉理解，对执行程序和实际操作技能的掌握；

（3）通过演练，进一步提高全体员工在电缆隧道等封闭空间作业条件下的应急救援能力；

二、演练时间、地点

（1）演练时间：×××× 年 ×× 月 ×× 日 上午 9：00。

（2）预演地点：×× 电缆隧道。

三、演练内容

模拟隧道内发生火灾情况下，气溶胶灭火系统自动启动灭火，检验系统响应及时性、灭火性能及气溶胶灭火材料对生物是否有影响。

四、演练组织机构

（一）组织机构

1. 应急演练领导小组

总指挥：

现场指挥：

2. 演习前隧道情况讲解

操作组：

组长：

成员：

3. 应急抢修组

组长：

副组长：

成员：

4. 医疗救护组

组长：

副组长：

成员：

5. 新闻通讯联络组

组长：

成员：

（二）各机构职责

现场领导小组：具体负责本次演练现场的人员、物资、设备的总体调度、指挥。

操作组：主要负责演习现场的点火、气溶胶的后备启动以及火势失控时的现场应急处置。

监控中心：负责汇报监控中心信息，通过视频监控，确认演习现场火势情况。

新闻联络通讯组：主要负责事故抢险现场与演练指挥部之间信息的传递、沟通，以及演练前后及演练期间对内、对外的信息发布、通报、联络事宜。

应急抢修组：主要负责事故结束之后的电缆抢修工作，以及电缆抢修完毕后的耐压试验等工作。

医疗救护组：主要负责事故事件造成的伤员的救治，以及参加应急救援人员的医疗保证工作。

配合厂家：××公司负责准备气溶胶设备安装调试、小动物、支架、火盆等工具；××公司负责准备防火隔板的安装施工、气溶胶引线的安装调试。

五、演练准备工作

（一）现场布置

××公司：负责现场气溶胶、试验小动物、支架、火盆等的准备和安装。其中气溶胶选择4号防火区防火门附近2个气溶胶，分别安装在4号球机两侧、火盆和支架防止4号球机前约1.5m处，支架高度为1.2m左右。

××公司：负责准备防火隔板的安装施工、气溶胶引线的安装调试等工作。安装要求：在4号防火门一侧10m处安装一堵防火隔板，与防火门形成密闭的防火演习区域，该区域包括2个气溶胶。再在防火区域内安装防火隔板，将两侧电缆设备与火源隔离开。

物资保障工作：相关人员负责准备好防火服、背带式氧气面罩、应急电源、应急灯、应急排风机、灭火器等物资。演习之前先将4号防火区防火门后面的投料口打开，将应急排风机外机放在地面通道上，将排风机的管线布置至防火门后面，以防止排风机失效或排风效果不好，应急排风机、应急电源、灭火器2台放在投料口中间夹层上，预防隧道内配电电源失效。担架、挂背式呼吸面罩和救护人员位于隧道入口处待命。

（二）应急演练物资准备

1. 车辆准备

工程车2台（车辆进行统一编号，并注明“应急抢修”），在指定地点集合。

2. 物资准备

常用应急物资储备，设置在应急物资储备库。

本次演练其他物资准备：印有各组组名的袖标各1个（组长佩戴），对讲机6个。担架1个、背挂式氧气面罩1个、急救箱1个。灭火器4组、警报器1个、应急电源、应急排风机、气体探测仪1台。

3. 人员着装

现场操作人员穿上防火服，点火人员穿隔热服，佩戴防毒面罩。其余人员穿工作服。

六、演练现场场景模拟

××电缆隧道着火。

七、演练实施

（一）演练准备工作

演练前1h各参演应急救援设备、车辆在指定位置集结，各组参演人提前半小时在指定位置集结，各组长汇报准备情况。演练前20min，对现场进行警戒，严禁闲杂人员进入演练现场。同时，应做好以下工作：

（1）新闻通讯工作：①拍摄准备。在点火演习区域内放置一台固定式摄像机，点火人员跟随摄像机一台（×××），隧道出口救护及复燃试验验证场地一人准备拍摄（×××），指挥中心手持式摄像一台（×××）；②横幅。现场横幅制作（横幅内容拟定“20××年××供电公司电缆运检室隧道消防演习”）；③做好演习过程中的照片拍摄准备。

（2）物资保障工作：各组物资准备人员应在演习开始前做好以下工作。①提高打开

投料口，提前做好通风，并在投料口处放好应急电源、应急通风外机、2 瓶灭火器以及点火人员所需的防毒面罩、防火服、应急照明、步话机各 2 套；②准备好演习过程中人员的袖章、红马甲等其他物资。

（3）操作组：操作组人员应提前到位，并且在演习前穿好防毒面罩和防火服。点火人员做好远程点火不成功时的准备（需准备 1 个火把），以及隧道内排风设备故障时的准备（将应急排风机的管子引入投料口防火门）。隧道口的应急抢修人员需穿好防火服，准备灭火成功后取出火盆和小动物。

（4）医疗救护组：准备好 1 副担架、1 个背挂式氧气面罩、1 个医疗急救箱等物资，随时做好迎接伤员的准备，同时准备好联系 120 等公共急救机构。

（5）指挥中心：调整好摄像头拍摄角度，做好后台相关设备的开启、调试工作，随时准备监测隧道内情况。

（二）演练过程

9：00 演练开始。

总指挥：请现场指挥确认各小组准备情况。

现场指挥：收到！请各小组汇报准备情况！

操作组组长：操作组成员已全部穿戴好防火服，防毒面罩等，逃生出口井盖已打开，应急救援组已准备就绪！

监控组：监控中心已准备完毕！

急救组组长：医疗救护组已准备就绪！

抢修组组长：应急抢修备品、备件、抢修工具已准备完毕，应急救援组已准备就绪！

新闻组长：新闻通讯联络组已准备就绪！

现场指挥：报告总指挥，各小组已准备就绪，请指示！

总指挥：好，我宣布，演习开始！

现场指挥：收到，演习正式开始。请操作组确认是否可以点火。

操作组：点火已准备就绪。

现场指挥：启动远程点火装置！

操作组：收到！（操作组启动远程点火装置）

操作组穿戴好防火服和防毒面罩，在防火门防火隔板外采用远程点火方式点火。

气溶胶自动灭火系统默认延时 30s 自动启动实施灭火，灭火单元充满气溶胶。

监控组：监控中心确认现场气溶胶已启动！

气溶胶启动 10min 之后。

现场指挥：请监控中心通过摄像头确认灭火区域内火源已被扑灭，无明显明火存在。

监控组：监控组通过视频确认，灭火区域内已无明显火源。

现场指挥：收到，请监控组开启远程排风。

监控组：收到！

监控组开启远程排风扇。

监控组通过摄像头确认现场气溶胶气体已散去。

监控组：报告现场指挥，现场气溶胶气体已基本排除，具备进场条件！

现场指挥：收到！请操作组取出火盆和小动物。

操作组组长：收到！

操作组身着防火服、防毒面罩进入灭火现场，拿取火盆和小动物。

此时，急救小组在隧道门口负责接应，对隧道内出来的操作组人员实施检查、吸氧等工作。

现场指挥：报告总指挥，已取出火盆和小动物，隧道内所有人员已安全撤离！

总指挥：收到！我宣布，本次消防应急救援演练圆满结束！

现场技术人员进行火盆的复燃试验，并确认小动物状况良好。

现场人员完成现场清理工作，撤离。

参与人员联系方式如表 16–1 所示，应急备用处置情况如表 16–2 所示。

表 16–1　参与人员联系方式

分工	姓名	联系方式（短号 / 长号）
指挥		
现场指挥		
现场讲解		
操作组		
操作组		
操作组		
操作组		
监控中心		
监控中心		
监控中心		
监控中心		
医疗救护组		
医疗救护组		
医疗救护组		

表 16-2　　应急备用处置情况

序号	节点	实施小组	备用处置手段
1	远程点火阶段	现场实施小组	如果点火没有成功，采用火把等方式点燃火盆
2	气溶胶灭火阶段	现场实施小组	如果气溶胶没有实施灭火，火源燃烧超过 2min 后，人工手持灭火器扑灭火源
3	排风阶段	现场实施小组 接应小组	如果远程排风扇未启动，现场人工启动方式启动隧道内备用排风扇；如此时仍未启动，采用从逃生口接入备用移动式排风扇的方式排风
4	医疗抢救阶段	医疗救援组	如现场出现人员伤亡，立即采取相应的急救措施，并立即联系“120”等

第三节　电力调度大楼应急疏散和灭火演练示例

为全方面确保大楼安全运行，保障大厦内人身和财产安全，杜绝任何可能发生的不确定性因素和隐患，有效降低不可抗拒力造成的伤亡事件和人财损失，日常工作中如遇因天气、设备、线路、人为等原因发生的突发火灾，应制定火之类应急处置预案，并成立应急处置领导小组。

一、应急指挥部

总指挥：×××

副总指挥：×××

指挥部办公室：×××

人员联系电话应进行登记备案。

二、现场人员应急职责

（一）现场负责人

（1）组织灭火并报警；

（2）负责人员救护应急指挥工作；

（3）负责配合大楼内各单位管理人员，做好人员救护事件的善后处理工作。

（二）现场工作人员

（1）向消控中心报警；

（2）有序、快速向各部门发出通报；

（3）提醒楼内人员相关注意事项（如不要坐电梯）；

（4）向疏散人员指示安全通道，并引导迅速撤离现场；

（5）协助消防人员进行灭火，力争将财产损失减少到最低限度。

（三）设备管理人员

（1）切断失火楼层上下三层的所有电源，停止客用电梯并保证电梯内无人；

（2）关闭楼层空调系统，停止送排风；

（3）确保应急电源工作正常，使应急指挥灯发光，要派人带手电筒去各疏散楼梯检查。若发现应急灯损坏应及时更换。

（四）安防人员

（1）接到报警电话后，问明情况（报警人姓名、职务、失火地点、火势大小、何种物质燃烧以及是否伤人），同时做好记录，并通知巡楼队员赶到现场。

（2）根据火势情况，确定火灾等级。如果是一级，电话通知中心主任、副主任，并要求一线人员通知各部门管理人员，做好客户的疏散和解释工作。

（3）启动消防广播，播报时吐词清楚，重复播报（各人员注意：请不要惊慌，我们正处于紧急疏散状态，请您关好门窗，利用房内防毒面具或湿毛巾捂住口鼻，按安全指示方向或跟随客服人员从楼梯口有秩序靠墙离开）。

（4）微型消防站、义务消防队负责人组织当班队员利用灭火器材扑灭初起火灾。

三、现场应急处置

（一）现场应具备条件

（1）火灾报警、自动喷淋等消防装置；

（2）灭火器、消防沙，消防斧、桶、锹等消防器材；

（3）防毒面具、正压式呼吸器等安全防护用品；

（4）应急照明设备；

（5）通信工具，上级及消防报警电话号码；

（二）现场应急处置程序及措施

（1）发生火警，火灾事故，先必须打电话通知消防中心报警，报警时要讲清着火的楼层房间位置，燃烧物资情况，并讲明报警人姓名。

（2）迅速就近提取灭火器材进行扑救，进入房间时一定要注意人员安全，切勿盲目冲进火场。

（3）一时难以扑灭的火势，应迅速搬离附近的可燃物资，但要注意保持通道的畅通，同时关掉空调，切断电源，封闭着火部位的门窗。

（4）如若火势扩大，要迅速打开消火栓箱箱门，接好水带、水枪，打开出水阀，启动消火栓箱内远距离控制按钮进行扑救。

（5）在扑救火灾的同时，一线客服人员应及时引导疏散人员向各消防楼梯疏散，不得使用电梯。如烟雾较浓，应伏地面爬行向前，用湿毛巾捂口、鼻。

（6）扑救电气火灾，应采用干粉灭火器。

（7）厨房一旦发生火警，要迅速就近提取灭火器进行扑救。油锅起火、电气火灾都可用干粉灭火器，同时关掉液化石油气总阀门，防止火势有蔓延趋势。要搬离油类物品和液化石油气，并迅速切断电源。

（8）搬运液化石油气瓶时，要防止碰撞，油类注意晃溢。

（9）消防队人员到达后，要协助引导扑救。

（10）火灾扑灭后，保护好现场，便于调查火灾事故原因。

（三）注意事项

（1）报警时应详细准确提供如下信息：大厦名称、地址、起火设备、燃烧介质、火势情况、本人姓名及联系电话等内容，并指定派人在路口接应。

（2）扑救时，先人后物。当事故发生时，应急抢险队，应本着先人后物的原则，组织客户有秩序地疏散，同时要组织好物资财产的疏散转移工作。

（3）先贵重后低廉。当事故发生时，应急抢险队，应本着先贵重后低廉的原则，组织好贵重物品的抢救转移工作，同时要组织好其他物资的疏散转移工作，把事故造成的经济损失降到最低限度。

（4）当事故发生时，当班员工要及时上报，保护好现场，并按领导布置，组织和引导业主和客户按秩序撤离事故现场，清理各办公室（指能够清理到的房间），做好有关记录。

预案应急联系电话表格示例如表 16-3 所示。

表 16-3　预案应急联系电话表格示例

火警	医疗急救	安防监控	接待台	安全管理员	主任
119	120				

附录　电力场所常用消防标准目录

电力场所常用消防标准目录

<table>
<tr><th colspan="2">类别</th><th>标准名称</th><th>标准编号</th></tr>
<tr><td rowspan="19">消防设施</td><td rowspan="2">火灾自动报警系统</td><td>《火灾自动报警系统设计规范》</td><td>GB 50116—2013</td></tr>
<tr><td>《火灾自动报警系统施工及验收标准》</td><td>GB 50166—2019</td></tr>
<tr><td rowspan="4">水灭火系统</td><td>《消防给水及消火栓系统技术规范 》</td><td>GB 50974—2014</td></tr>
<tr><td>《自动喷水灭火系统设计规范》</td><td>GB 50084—2017</td></tr>
<tr><td>《水喷雾灭火系统技术规范》</td><td>GB 50219—2014</td></tr>
<tr><td>《细水雾灭火系统技术规范》</td><td>GB 50898—2013</td></tr>
<tr><td rowspan="5">泡沫喷雾灭火系统</td><td>《泡沫灭火系统设计规范》</td><td>GB 50151—2010</td></tr>
<tr><td>《泡沫灭火系统施工及验收规范》</td><td>GB 50281—2006</td></tr>
<tr><td>《泡沫灭火系统及部件通用技术条件》</td><td>GB 20031—2005</td></tr>
<tr><td>《水喷雾灭火系统技术规范》</td><td>GB 50219—2014</td></tr>
<tr><td>《泡沫喷雾灭火装置》</td><td>GA 834—2009</td></tr>
<tr><td rowspan="2">气体灭火系统</td><td>《气体灭火系统设计规范》</td><td>GB 50370—2005</td></tr>
<tr><td>《气体灭火系统施工及验收规范》</td><td>GB 50263—2007</td></tr>
<tr><td>防排烟系统</td><td>《建筑防烟排烟系统技术标准》</td><td>GB 51251—2017</td></tr>
<tr><td rowspan="5">灭火器</td><td>《建筑灭火器配置设计规范》</td><td>GB 50140—2005</td></tr>
<tr><td>《建筑灭火器配置验收及检查规范》</td><td>GB 50444—2008</td></tr>
<tr><td>《干粉灭火系统设计规范》</td><td>GB 50347—2004</td></tr>
<tr><td>《干粉灭火装置》</td><td>GA 602—2013</td></tr>
<tr><td>《干粉灭火装置技术规程》</td><td>CECS 322：2012</td></tr>
<tr><td colspan="2" rowspan="2">建筑防火</td><td>《火力发电厂与变电站设计防火标准》</td><td>GB 50229—2019</td></tr>
<tr><td>《建筑设计防火规范》</td><td>GB 50016—2014（2018 年版）</td></tr>
</table>

参考文献

[1] 张林，张宏宇，郭媛媛．缆式线型感温火灾探测器在电力产业消防系统中的应用研究 [J]. 硅谷，2014（9）：128–128.

[2] 王富成．点型火焰探测器的选型和应用研究 [J]. 科技风，2017，000（021）：248–248.

[3] 郭雷明．浅谈 500kV 变电站红外测温技术的应用 [J]. 中国科技博览，2014（37）：152–153.

[4] 周艳，刘宇．火焰探测器性能指标检测与应用效果评价技术 [J]. 电子测试，2019.

[5] 杨安威．变电站主变压器水喷雾灭火系统联动优化 [J]. 大科技，2018，000（026）：113–114.

[6] 李永华．变压器水喷雾消防系统施工质量控制 [J]. 工程技术（全文版），2017（3）：00133–00133.

[7] 田向亮．细水雾与火灾相互作用的研究 [D]. 2014.

[8] 张洪江，刘炳海，徐伟，等．细水雾灭火系统应用中的几个问题 [J]. 消防科学与技术，2014.

[9] 高翔．变压器泡沫喷雾消防系统功能检查 [J]. 黑龙江科技信息，2019，000（019）：176–177.

[10] 张玉龙．SP 合成泡沫喷雾灭火系统自动控制回路在电力变压器中的应用探讨 [J]. 中国新技术新产品，2010（01）：20–21.